INDOOR

觀葉植物設計
用綠植軟裝打造時髦的室內叢林

JUNGLE

觀葉植物設計

用綠植軟裝打造時髦的室內叢林

THE LEAF SUPPLY GUIDE TO CREATING YOUR INDOOR JUNGLE

蘿倫・卡蜜勒里、蘇菲亞・凱普蘭／著

CONTENTS

前言

從覆蓋了黃金葛的牆面到客廳角落搶眼的大型盆栽，空間真的會因為有了植物而充滿生氣。Pinterest 和 Instagram 上有數不清的室內空間，向我們展示著各色綠油油的綠色植物，可能因而令你也渴望擁有一座專屬自己的室內植感叢林。雖說這個想法讓人躍躍欲試，實際做起來卻似乎很嚇人：拉拔數十幾棵甚至上百棵植物寶寶健康成長，到底得花多少時間？事實上，打造一座城市中的植感叢林並不是要在家裡填滿室內植物，而是根據你的空間和生活型態，為室內添加數量適中的綠色植物。無論是在門口歡迎你回家的單棵特色植物，或是植物多於家具的公寓，每個人肯定都有適合自己的植感叢林。

是的，植物確實很美，我們喜歡它們為空間增添的形狀、質感、色彩，但它們的功能遠多於此：它們在令人著迷的同時又能穩定人心；它們的存在可以提高生產力、清除空氣裡的毒素；照顧它們並看著它們茁壯成長（或讓它們恢復生氣）具有令人難以置信的療癒效果。很顯然地，養育這些綠色美人的好處遠不僅只是單純的外觀欣賞。與自然的聯繫能讓我們真正受益，尤其是生活在稠密都市中的居民，能夠接觸綠色空間的機會有限。將植物帶入家庭和工作場所是壓力和焦慮的完美解毒劑；我們在花時間養護這些生物時，也等同於反過來養護我們自身。

我們的第一本書《植感生活提案》著重於將植物帶進生活環境的方法，探討一些最優秀的綠色植物和多肉植物品種，以及如何在室內養育它們，讓它們保持活力和健康。這一次，我們要複習一些重要的養護訊息，並且用新鮮的角度來看幾種能夠作為室內叢林基礎的經典植物。在《觀葉植物設計》中，我們會進一步討論一些更有趣的植物，讓你的植物收藏更添驚喜；你也會看見如何以時尚風格展示綠色植物，美化周遭環境。我們在本書裡更著重於植物造型，走進幾戶位於世界不同角落（從荷蘭到紐約，從拜倫灣到柏林）充滿植物的美麗住宅、工作室和公共空間，看看這些匠心獨具的空間主人們如何打造出完美的室內叢林。

▶ 以墨爾本一座寬敞的倉庫作為完美的背景，經過精心策畫展示出個性化的植物收藏（更多相關訊息請參見第 186 頁）。

無論你的住家格局緊湊或是寬敞，每個空間肯定會有合適的盆栽植物。選擇完美的植物品種並將它們與理想的盆器配對。

從恣意狂野叢生到大膽而極簡的創意風格千變萬化，植物們能展示的效果同樣無窮無盡，令我們大開眼界。這些植感叢林的主人們深入淺出的剖析，讓我們了解他們如何以及為何選擇與植物一起生活；無疑地，這些現身說法將能激勵你找到屬於自己的植感風格。

我們會逐一檢視每個空間，看看如何以最有效和最實用的方式在空間裡展示植物。無論是扮演避風港的臥室到客廳的聚會空間，都能以不同手法導入綠色植物，加強空間功能和增添美感。我們這次也會談到陽台和天井裡的植物風格。特別是在公寓的生活環境裡，陽台和天井可以將室內外空間及植物無縫接軌。這些戶外區域可以為許多植物提供完美的生長條件，彌補室內叢林之不足，並且讓你更享受這幾處有時被忽視的空間。

無論你的住家格局寬敞或迷你，每個空間肯定會有合適的盆栽植物。選擇適宜的植物品種並將它們與理想的盆器配對。我們會討論將植物放在最佳位置的重要性；對的位置能提供植物茁壯成長所需的條件。必須記住植物是有生命的，需要滿足它生長所需的光和水等條件，而健康快樂的植物會比心情不好的植物更有風格。在你造訪任何植栽商店之前必須先仔細分析你的空間，這是打造室內植感叢林最關鍵的第一步，能在接下來的日子裡帶給你極大的樂趣。

希望本書不僅可以幫助你奠定基礎、將植物成功地帶進你的住家或工作場所，也同時傳遞必要訊息，啟發你基於個人美感培養出屬於自己的植感叢林風格，使生活品質更上一層樓。

◀ 大浴室窗戶透進來的明亮光線，營造出毬蘭和絲葦的理想生長環境。

基礎篇

首先為你的植感叢林奠定正確的基礎，然後才能創造出能夠永續生長、讓你有成就感，充滿健康植栽的空間。清楚了解植物的生存需要，釐清空間能提供它們的生活條件，能讓你根據這些訊息決定最適合自己的植感叢林風格。

分析你的室內空間

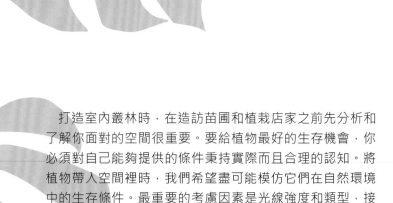

打造室內叢林時，在造訪苗圃和植栽店家之前先分析和了解你面對的空間很重要。要給植物最好的生存機會，你必須對自己能夠提供的條件秉持實際而且合理的認知。將植物帶入空間裡時，我們希望盡可能模仿它們在自然環境中的生存條件。最重要的考慮因素是光線強度和類型，接下來就是水和土壤，以及溫度、濕度和肥料。

花點時間，在一天中不同時段觀察陽光在家裡的移動路線，以及透過不同窗戶照射進來的狀況。光線會照到哪？某些房間在午後會因為西曬而變得特別熱嗎？在較冷的月分裡，光線模式是否有變化？你的家裡有沒有空調或暖氣？走廊裡是否有強勁的氣流？在考慮植物的擺放位置時，要記住這些重點。

接下來，你可以進一步檢視想放盆栽的區域，像是：可以為家中哪個空曠的角落添加生氣？懸垂式植物能否美化某個層架或書櫃？某座空蕩的窗台超級適合迎接植物？雜亂的櫃子前放盆植物來遮醜？或是擺上一盆賞心悅目的植物為某個特別漂亮的小角落增加吸引力？

現在可以開始最有趣的部分了；將所有的調查結果結合起來，配合完美的位置找到完美的植物。

▶ 晨光從公用廚房窗戶灑進雪梨一間豪華公共工作空間「二號門 La Porte Deux」。琴葉榕完美的位置使它充分沐浴在明亮的間接光之中。

蒐集佈置靈感

在打造室內叢林時要如何蒐集靈感呢？以我們兩個人來說，就是觀摩創意綠植人的室內空間，學習他們將植物融入生活空間的功力，從居家環境、工作室、辦公空間、到公共區域和店面……我們搜尋全世界，將最綠活、最具啟發性的空間納入本書裡，藉著與這些植感空間主人聊天得到了寶貴的見解，知道他們打造室內叢林的手法，以及他們熱愛植物的原因；最重要的是他們為什麼喜歡生活在植物當中。每座叢林都有獨一無二的特色和風格，讓我們看見許多將植物帶入室內的不同方法。以下是幾個取得綠色靈感的最佳來源。

社群媒體　我們長期追蹤本書中許多空間主人的 Instagram 頁面。這個平台上數百萬個小方塊呈現的視覺饗宴，為我們提供了源源不斷的靈感。你可以追蹤綠植人和主題標籤、保存和分享圖片、欣賞世界各地使用者各種各樣與植物一同生活的點子和方式。馬上造訪第一個停靠站吧：@leaf_supply——我們的植感旅程就是從這裡開始的。

雜誌、書籍＋部落格　隨著室內植物越來越受歡迎，在瀏覽室內設計的相關雜誌、書籍和部落格頁面時，你也會發現充滿植物的空間。舉凡花盆和器皿、專門用於居家建築裡的美麗植物等等，這些媒體可以提供不同的產品和想法，讓你能預覽這些物件在自家空間中呈現的視覺效果。

◀ 植物靈感俯拾皆是。雪梨的派拉蒙精品旅館 Paramount House Hotel 裡這株美妙的酒瓶蘭在門口歡迎客人。

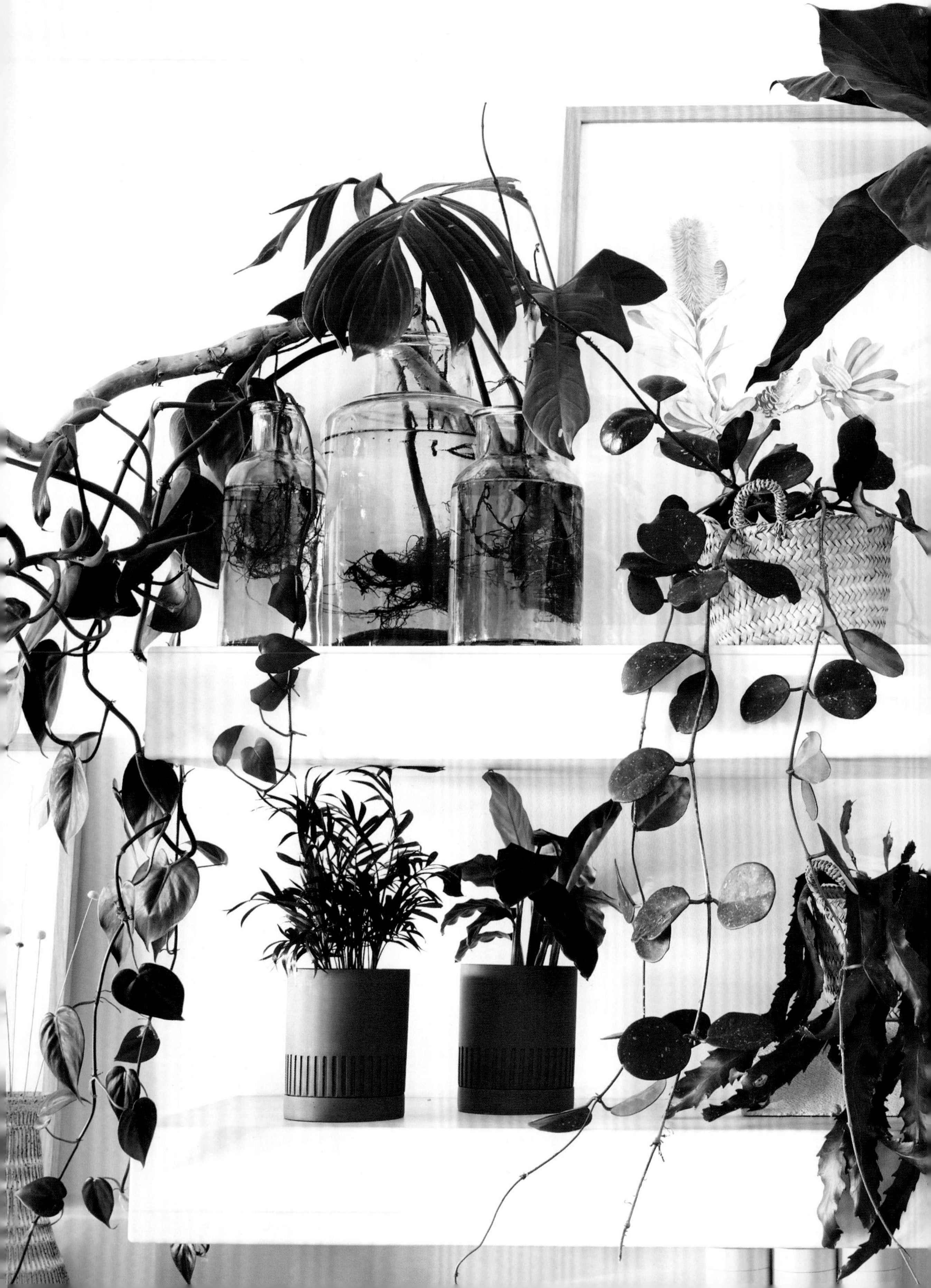

植栽店面裡的展示品，例如位在拜倫灣的 Nikau Store，能給我們將植物融入空間的靈感。店主妮琪和妮可精心選擇了一系列植物、花卉、植物用品和藝術品。我們保證你入寶山不會空手而歸！

旅行　遊覽不同的國家和城市能夠讓你置身於不可思議的異國植物空間中。造訪一座新城市時，尋找當地溫室和參觀植物園是我們最愛做的活動之一。這些地方的建築物通常歷史悠久而且錯綜複雜，裝載世界上最令人難以置信的植物種類。溫室裡的空氣爽冽新鮮，我們打賭你離開的時候肯定會將許多新植物加入願望清單中。在倫敦邱園的溫帶溫室（世界上最大的維多利亞溫室）裡裝滿了地球上一部分最稀有和最受威脅的植物物種，絕對值得你到此一遊。阿姆斯特丹植物園 Hortus Botanicus 是另一座世界上最古老的溫室之一，同樣深具啟發性。在巴黎則可以試試巴黎植物園（Jardin des Plantes）的多個大型典藏溫室；紐約植物園有賞心悅目的依妮德 · A · 豪普特溫室（Enid A. Haupt Conservatory）；雪梨皇家植物園的 Latitude 23 溫室裡有一些非常稀有的植物，例如絲鬚蒟蒻薯（*Tacca integrifolia*）。其他三個我們個人的最愛是柏林、帕勒莫（Palermo）和巴塞爾（Basel）的植物園。如果你沒辦法旅行，也可以造訪住處附近的花園，可能會有令你驚訝的發現喔！

　　你現在是否得到了足夠的啟發？也許對於看似無窮無盡的選擇和點子感到有點不知所措。是時候開始編輯並整理出屬於你的想法了。建議從 Pinterest 等圖片共享的社群媒體找尋靈感，將喜歡的植物、盆器和理想中的植感空間圖片收集下來，幫助你找出自己想要的室內叢林風格，然後一步一步實現。

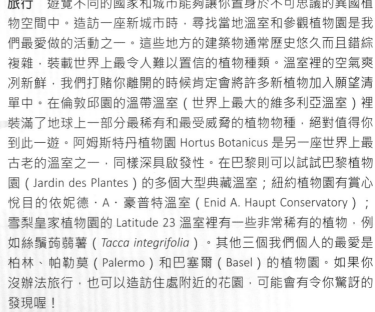

植物的養護

當談到植物的養護時，很多人會將規則奉為準則，完全照本宣科養育他們的植物。大家心中往往有一個既定假設：如果每周固定澆幾次水或給予植物你認為正確的光照量，那麼它應該隨時隨地看起來都很完美。但事實上植物是有生命的，如此簡化的植物養護方式可說是不切實際的期望；當實際情況不符預期時，就更容易導致失望和挫敗感。常見的情況還包括室內植物的價值純粹在於觀賞，如果出現變黃的老葉或不尋常的生長模式，就會感到無助困擾，而這些其實都是植物必然的代謝更新，過程也很值得細細觀察。

維護室內叢林的一大部分樂趣是照料和培育植物的過程。用心觀察並了解植物的需求，能使你衷心體會打造室內叢林的實驗性質；配合植物不斷變化的需求而改變照顧方式，能讓你越來越有信心。

在本章中，我們要探討植物養護基礎知識，讓你更了解每個生長所需元素如何同心協力為你的植物寶寶創造理想的生長環境。針對書中介紹的植物，除了光、水和土壤等基礎元素之外，我們也提供了易於理解的通用照護關鍵提示，希望能讓你具備更全面的植物護理方法。提供植物理想環境、觀察並更詳細地認識它們、了解和接納它們適應新家的方式，是最完整的植物養育態度。它還能讓你為不同植物量身訂做最適合特定需求的照顧方法，並在必要時有效排除問題。

光照

談到植物的健康時，光照無疑是最重要的元素，因為植物需要光照才能存活。光是光合作用過程中不可或缺的，植物在這個過程中利用光將二氧化碳和水轉化為葡萄糖和氧氣。

許多在室內表現良好的植物都來自熱帶地區，因為它們在原生地已經適應了透過樹冠落下的斑駁光線。這種光線通常以術語「明亮的間接光」來描述，可能會讓許多新手植物爸媽一頭霧水。在大自然中，戶外的「陰影」位置能保護樹葉，不受嚴酷的陽光直接照射，但是實際上仍然比室內最亮的地方還要亮。釐清空間中的光源強弱格外重要；雖然這項課題需要一些分析和實驗，但是會幫助你挑選出合適的植物。

首先確定空間中的光源。光源多半是位於垂直牆面上的窗戶或門；假如還有一扇或兩扇天窗，便能提供植物非常明亮而且一致的光線。評估空間中的光照在一整天及一整季裡如何變化也很重要。你在這個時候應該像植物一樣思考；將視線拉低到與植物齊平，看看它們「眼中」的景物是非常有用的。

離空間中的光源越近，光線就越亮，這一點無庸置疑。陽光明媚的窗台能為崇拜太陽的仙人掌和多肉植物提供最適合的強烈光線。從窗戶射進來的直射陽光對於某些室內植物來說可能太強烈了，因此最好放置在靠近但不直接暴露於光線下的位置。在大多數情況下，這些植物通常會不間斷地「看到」天空，獲得幫助它們茁壯成長的大量明亮間接光。距離光源越遠，光線品質和分量就越低。位於房間對面，無法直接看見天空的位置，通常就是我們講的「弱光」條件。

為了更準確地評估光線，你需要的工具是測光表。實際的測光表可能非常昂貴，所以我們建議你使用可以下載到智慧型手機裡的測光表應用程式，這對於大多數室內園丁來說就已經足夠。另一個更簡便的方法是影子測試，只需要一張紙。在陽光普照的日子裡，將這張紙放在你想擺放植物的位置。將手舉在紙面上方 30 公分的高度，紙面上會投射出一個影子。深色、清晰、邊緣銳利的陰影表示光線明亮；如果陰影較弱、較模糊，但是你仍然可以辨認出手的形狀，就代表光線中等；如果手的形狀很不清楚，則是光線不足。

▶ 阿姆斯特丹攝影師顏妮可・露兒斯瑪的屋子裡，秋海棠欣欣向榮地沐浴在華麗的斑駁光線之下（更多訊息請見第196頁）。

如同之前提過的，光線會在一天之中以及隨著季節發生變化。冬季和秋季，太陽在天空中的位置較低；夏季和春季間接受了充足光照的植物此時便會苦於光照不足。你一定要掌握這種不斷變化的光線條件，全年調整植物的位置。你可能需要將某些植物移近光源或放在家具及層架上更高的位置。

也許你的空間不如期待中那樣足以維持植物的生命，這個發現會很令人沮喪。但是在這個情況下，植物生長燈可以發揮重大影響力：全光譜 LED 生長燈能複製自然日光的光譜，產生平衡的冷暖光，讓你成功地在較暗的室內空間栽培植物。市面上有多種單燈和系統燈可供選擇，你可以先使用普通燈具適用的生長燈燈泡。

許多在室內表現良好的植物都來自熱帶地區，因為它們在原生地已經適應了透過樹冠落下的斑駁光線。

水分

除了光線，植物還需要水才能生存；室內植物仰賴人類適當地滿足它們的水分需求。這可能是植栽領域最讓新手植物爸媽感到困惑和壓力的照護問題；你肯定聽說過許多植物因為過度澆水而爛根死亡。但是，只要你對水分維持植物生命的角色有更深入的了解，以及影響植物吸收水分速率的原因，你的澆水功力將大幅提高，有效避免植物寶貝們澆水過度或不足的問題。

當室內植物接收到適量光線，並種在透氣性良好的介質中時，它就能藉由根部吸收水分，有效地將營養和礦物質輸送到最需要的部分，並撐起植物內部細胞，為莖和葉提供良好的支撐結構。基本上，過度澆水反而會淹死植物，因為阻止氧氣到達根部，使植物處於根腐病的風險之中。而當澆水不足時，因無法獲得需要的水分和礦物質，植物通常會有落葉或出現褐葉或黃葉現象。

所有植物都需要不同程度的水分，無法確切斷定哪種植物需要每周或每兩周澆水一次，因為其中牽涉了很多不同因素：植物所處的盆器有多大？較大的盆器通常不會很快變乾。盆器是否因為直射陽光而受熱？它是否比較靠近暖氣，所以介質較快變乾？盆器是否放在一群其他植物之間？這樣做能增加濕度，使植物的介質更長時間保持濕潤。

測試植物介質水分含量的最佳方法是將手指壓進介質裡數公分，感覺乾燥程度。每隔幾天做一次測試，直到你開始了解那株植物的需求。大多數熱帶室內植物喜歡表層上方約 3 公分的介質已經變乾再澆水。經常檢查植物需要的水量，然後根據季節調整（介質在冬天乾得慢，植物也可能處於休眠狀態，水量需求較少）。

如果你對自己的濕度感應沒有自信，或是植物種在難以碰觸之處，水表就會是你的好朋友了。只需將水表尖端插入介質，你就能讀到明確的水分含量，進而決定植物是否需要再次澆水。

準備好澆水之後，就可以動手給植物們好好泡一場澡。理想的情況是所有花盆都有排水孔，澆的水量要足夠從盆底流出。澆水後大約半小時倒掉水盤裡的水，植物才不會泡在殘水裡。建議使用室溫的水，可在澆完水後重新注滿水壺，如此一來，下次澆水時的水溫就會是室溫，水質也有時間淨化。讓自來水靜置至少 24 小時讓氯揮發，這樣對於敏感的植物朋友更友善，比如竹芋和棕櫚。

如果你想施予室內植物一場特別待遇，就可以在雨天時將它們放在室外，或用收集來的雨水澆灌它們，這麼做能讓它們長得更美，因為雨水原本就是植物們在大自然獲取水分的來源，而且沒有自來水裡的化學物質和礦物質等會沉澱在土壤裡的物質。如果你將植物拿到戶外澆水，一定要在天氣變得太冷或太熱之前將它們帶回室內。驟降的氣溫和直射陽光可以在很短的時間裡，於珍貴的葉片上留下不可逆的損傷。

傑米·宋用茶壺為他的鏡面草澆水；細嘴水壺能夠使澆水過程更精確。

介質和土壤

優質合適的介質是盆栽的重要基礎，能讓你的室內叢林強健地成長。如果用錯，就算盡了最大的努力調整盆栽位置和澆水，植物仍難以茁壯成長。

挑選介質時有 4 個關鍵要素：保水、透氣、排水和養分的程度。每一種介質的成分不同，能滿足各種植物的需求。許多進階室內植物迷偏好自己調配介質，為特定植物混合比例合適的介質，且實際操作也不困難，因為大多數熱帶室內植物需要的組合大同小異。

假如要從店裡或苗圃購買，一定要選擇組成標示清楚、品質良好的介質，才能讓植物快樂生長。當然，隨著植物茁壯所需，你可能需要開始添加肥料（下一章有更多訊息）。

無論你用的是購自商店或自己製作，它應該都要透氣、鬆散、營養豐富。你可以試試不同比率，但是熱帶植物通常需要大約 60% 的保水介質、30% 的透氣和排水介質，以及 10% 養分。多肉植物和仙人掌需要更多透氣和排水介質，因為它們偏好較不潮濕的環境。

當談到室內植物時，「土壤」這個詞可能有點誤導。盆栽介質通常沒有土壤，我們將在此分別討論最常用於培養土的介質，幫助你選擇或混合最適合植物所需的介質。

保濕

　　大多數室內盆栽的介質必須保水，能夠吸收水分，使水分和營養素經由根部進入植株，通常也要有良好的透氣性和排水性。

泥炭土　雖然是非常受歡迎的產品，但是按照現今泥炭蘚的採集速度，這個材料將無法永續，進而導致長期的環境損害。我們強烈建議讀者嘗試以下兩種材料之一：

椰纖　也就是椰子纖維，是泥炭蘚的絕佳替代品，因為它是椰子產業的永續副產品。椰殼纖維是穩定的生長介質，重量輕而且能夠保持水分，因此是我們的首選。

自製堆肥　如果你有戶外空間，自己做堆肥是減少垃圾並回饋大自然的絕妙方法。完熟的堆肥不僅保水也含有豐富的養分。

透氣＋排水

　　植物的根需要吸收氧氣，並且唯有在盆栽充分通風的情況下才做得到。在大自然裡，蚯蚓和其他生物能幫助土壤保持輕盈鬆散，但是在室內以及從頂部澆水的衝擊之下，土壤會變得硬實。為了避免這種情況，盆栽混和土必須包括以下材料之一：

蛭石　人工開採出來的礦物，加熱時會膨脹成淺棕色顆粒。它能為混和土添加鎂和鈣，並且比珍珠石具有更大的保水性。

珍珠石　人工開採出來的火山岩，加熱時會膨脹。這種無菌材料比蛭石大，看起來有點像保麗龍。

浮石　另一種火山岩，也是我們偏好的選擇之一。它比珍珠石重一點，所以不會浮到介質表層並隨風吹散，但是仍能提供相同的透氣品質。浮石的毛孔也有幫助儲存並緩慢釋放養分和水分。

沙子　對排水非常有幫助，能模仿多肉植物和仙人掌的沙漠生長環境。

養分

　　植物需要養分才能茁壯成長。大多數植物需要不時施肥，但是要先確定介質裡已經有些許營養，使植物的生命有好的開始。

蚯蚓堆肥　其實就是蚯蚓糞便，對植物來說是非常豐富的營養來源。

回收太空包堆肥　提供菇類生長的太空包，採收之後可以回收再利用，它能改善土壤結構並緩慢釋放養分。

魚肥　由未經過利用的魚身部分製成，是溫和但仍然有效的營養添加物。

栽種秘訣

自己動手做能讓你根據特定需求來調配培養土。保水性良好的介質可以在你忘記澆水的時候幫上大忙；而若你熱衷澆水，那就得調配排水良好的介質。

註：台灣氣候炎熱，室內環境栽培不適合在介質中混入回收太空包堆肥等有機肥，以免引來蕈蚋等小蟲。

其他考量

現在你已經解決了光、水和土壤的問題，在為植物朋友們打造完美家園時還有其他幾項要牢記的事項。

溫度　從某種角度來說，室內植物比它們的戶外同類們受到更多的保護。雖然它們不會遭到寒害，卻會受到暖氣和空調的影響。大多數室內植物來自熱帶或亞熱帶氣候，建議給予如同自然環境的白天 15-24°C，夜間稍微低個 3-5°C 的溫差。室內植物可以忍受夏季偶爾出現的高溫，最高到 32°C，但是若處於這個溫度之下太久也會讓植物發生熱障礙而衰弱，所以最好盡你所能在熱浪期間降低室內溫度，並確定植物遠離熱源。

濕度　大多數熱帶植物都喜歡潮濕。空調和乾燥的空氣會讓植株失水，所以必須密切留意環境濕度含量。熱帶植物的理想情況是 50% 的相對濕度。如果比率降到 30% 以下，植物的根部將難以吸收足夠的水分，同步彌補從葉片流失的水分。

對於許多熱帶植物來說，規律的噴霧是有必要的，您可以將植物群組在一起創造微型氣候，有助於提高環境濕度，而且方便集中為葉片噴霧。或者嘗試使用水盤，將植物放在裝滿鵝卵石和水盤裡（鵝卵石是為了確保盆底不直接接觸水）。如果你沒有太多空間，那就買一個加濕器吧，它的附加好處是能防止皮膚乾燥！

肥料　大自然中的植物透過腐爛的植物堆肥和動物及昆蟲經過時留下的物質，不斷獲取新鮮的養分。在室內，優質的盆栽介質應該含有足夠的肥料，讓植物快樂生長大約六個月。但是在這之後，你需要助它們一臂之力。大多數肥料中有三種主要營養素：「氮」用於構成葉綠素和植物蛋白質，「磷」促進健康的根系，「鉀」則有助於抗病。

一般來說在溫暖的生長期裡，熱帶室內植物喜歡每隔一到三個月施肥一次。到了冬天，生長變得緩慢，就一定要讓植物休息一下。我們使用的是有機液態肥，按照瓶子上的建議用量再稀釋兩倍，以避免傷害植物嬌嫩的根部。勤於檢查每株植物，比如豬籠草或鹿角蕨就不需要太多額外的營養，可能每年只需要一次稀釋肥料。

▶ 喜歡水分的植物較適合養在浴室裡。較強健的蕨類植物例如鹿角蕨，能夠承受熱氣蒸騰的淋浴帶來的高溫。

植物推薦

這一章的著眼點就是美不勝收的葉片，像是常見的人氣植物黃金葛、龜背芋，還有三角紫葉酢漿草和姬龜背芋，我們列出的植物種類能使你的室內叢林豐富多彩。

現在，讓我們深入地了解各種植物夥伴的個別養護資訊，以及在空間裡為它們做造型的最佳方式。

三大養護關鍵

光照關鍵

光照條件會因季節而異。每個季節都要調整植物的對應位置，確實滿足它們的光照需求。

中低光照　這類植物能忍受陰暗的生長條件，但是在明亮的間接光線中能更加茁壯。

明亮的間接光　喜歡明亮的漫射光線；必須避免陽光直射。

明亮的直射光　喜歡明亮光線，能忍受並接受少許直射陽光。

水量關鍵

將手指插入土壤表層是檢測植物水分需求的最好方法。請注意，不同季節會影響澆水頻率：通常在涼爽的月分需要減少澆水。

少量　大約兩周澆水一次，或者土壤乾燥時。

中等　大約每周澆一次，或是表層 5 公分的土壤乾燥時。

多　大約每周澆兩次水，或當土壤表面乾燥時。

噴霧　使用噴壺裝水，一周噴一次葉片，增加濕度。

介質關鍵

盡可能使用品質最好、專為個別植物種類調配的有機盆栽介質。

排水良好　水能透過添加的蛭石或珍珠石輕鬆排出，增加透氣性，同時保留寶貴的營養。

保濕　能保持水分的介質，成分包括泥炭或堆肥。

粗礫+砂質　混合了大量的沙子和粗礫，能讓水從根系間迅速流出，適合來自乾燥地質的植物。

經典款

　　它們是室內植物界的忠實成員，永不退流行，是禁得起時間考驗的寵兒，推薦做為室內植感叢林的基礎。它們通常容易買得到，養護方式輕鬆，能夠適應室內栽培環境，所以我們認為它們是任何空間中萬無一失的頭號重棒。

龜背芋（蓬萊蕉、電信蘭）
Monstera deliciosa

光照
明亮・間接

水量
中等＋噴霧

介質
排水良好

造型重點

這款美麗植物的多變風情令人難以置
信，適合各種造型。較大的植株獨立
放置時看起來富有個性，較小的植株
和其他熱帶植物也能做成悅目的搭
配，例如與黃金葛一同種在這個吊盆
裡，營造出叢林的風情。

其實龜背芋已經不需我們多做介紹了。它是室內植物界歷久彌新的最愛；雖然屢見不鮮，卻始終在我們的清單中名列前茅。原生地區從墨西哥南部到巴拿馬南部，它的葉片上有充滿造型感的裂葉與孔洞，適應力強，因此是任何空間裡的絕佳嬌客。

將它的拉丁文名字分解之後，*Monstera deliciosa* 意味著這種植物在適當的條件下可以長到「龐然巨物」尺寸，結出的果實也很美味。雖然它在室內環境裡不太可能開花結果，大自然裡的龜背芋能結出類似綠色玉米芯的果實，非常引人注目。據說它的果實嚐起來像水果沙拉，並因此啟發了許多常見俗名。我們很喜歡它的法文名 Plante gruyère，意指葉片上有如瑞士乳酪的孔洞；它在西西里島叫做 zampa di leone，意思是獅子的爪子。

龜背芋需要空間才能茁壯成長，在室內的生長尺寸很可能遠矮於野外能夠達到的 20 公尺高度；不過在有利的室內條件下，它們仍然可以長得欣欣向榮。在叢林中，氣根可以讓這些龐然巨物依傍其他樹木，向著光線生長。為了幫助它們在室內保持直立生長，你可以藉著支柱支撐植株。或者將它放在較高位置任其向外自然伸展。

至於養護方面，龜背芋的出色之處在於它很容易照料。通常每周澆一次水就夠了：澆足水之後，讓多餘的水分從盆底排出。偶爾噴霧可以幫助營造熱帶環境。枯萎或黃葉通常是過度澆水的跡象。如果發生這種情況，先去除任何枯死或受損的葉子並減少澆水，使植物恢復元氣。如同所有大葉片植物，用濕布清潔葉片或定期放在淋浴間裡沖去灰塵是很好的做法。在溫暖的季節裡每月施肥，當你發現根部出現盤根時就換盆。植物的根從排水孔中探出，或是植株看起來無精打采、生長遲緩、葉子變褐或變黃時，多半便是盤根問題。

光照
明亮，間接

水量
中等＋噴霧

介質
排水良好

亞里垂榕

Ficus maclellandii 'Alii'

亞里垂榕無疑地是榕屬家族中較鮮為人知的成員，卻和較受歡迎的親戚琴葉榕（*Ficus lyrata*）和印度橡膠樹（*Ficus elastica*）同樣值得喜愛。它的比例優雅，高挑纖細的植株上尖尖的深橄欖色葉片讓人聯想到某些澳洲原生植物。

它們的生長速度相對緩慢，但無論大小都很美觀。如果你想要讓它令人印象深刻，就選擇成熟的植株。我們建議每兩年在冬末換盆，幫助持續生長，但一定要漸進式增加盆器尺寸，一下子換到太大的盆裡反而會讓根系少且不密，土壤也可能積水。

亞里垂榕喜歡明亮的間接光照，但也能忍受稍低的光照量。定期轉動植株，能讓它們均勻地向光源伸展。

與榕屬家族的其他成員不同，亞里垂榕不太會落葉（除非澆水過多），而且對蟲害及疾病的抵抗力相對高。需要注意的一件事是避免小孩子和寵物接觸它，因為樹液有輕微毒性，會刺激皮膚。

為了讓亞里垂榕保持最佳狀態，在溫暖的月分裡每個月施用一次液態肥。

造型重點

大型亞里垂榕植株是效果非常好的室內植物，種在極簡風格的水泥盆器裡能創造極為有力的視覺效果，能幫助填補空白的角落空間，或擔任入口或走廊的主視覺。

斑葉橡膠樹
Ficus elastica 'Tineke'

　　橡膠樹受到許多人的喜愛，假如你想找更華麗的品種，那麼我們會告訴你：斑葉橡膠樹就是你需要的。這株可靠的經典款擁有所有的好處，但是更具魅力。富有光澤的葉片混和了奶油色、綠色和胭脂紅，獨自展示時很搶眼，與其它綠色植物組合時又能增添色彩。

　　為了保持樹葉上光彩奪目的圖案，斑葉橡膠樹需要的光照量比非斑葉多一點，除此之外它同樣容易照顧。如果斑葉開始褪色或植株下方較低的葉片掉落，一定要把它移到更亮的位置。落葉也可能是澆水過多的信號。

　　斑葉橡膠樹會藉著枯萎來表達口渴，但要避免一成不變地定期澆水。間隔一周左右好好澆一次水應該就可以解決問題，但是必須確定土壤表層幾公分的已經乾透才能再澆水。灰塵會累積在又大又結實的葉片上，所以要定期用濕布擦拭它們。噴一點礦物油也能讓葉片超級有光澤，並能防止害蟲侵襲。避免直吹冷風和熱風，因為它們對劇烈的溫度變化很敏感。植株汁液有輕微毒性，因此要和愛啃食的寵物及好奇的小朋友們保持距離。

　　橡膠樹是提高空氣品質的最佳植物之一，對病蟲害也有很好的抵抗力。其他不常見但值得一試的栽培種包括深色斑葉「紅寶石 Ruby」和需要花些心思伺候的「黑王子 Black」。

造型重點

植株通常能長得很大，斑葉橡膠樹一般來說最好放在地板上。較低的擺放位置很重要，因為能讓人從上方好好欣賞美麗的葉片，搭配極簡設計的盆器最適合，不會搶了葉片斑紋的風采。

光照
明亮·間接

水量
中等

介質
排水良好

絲葦
Rhipsalis baccifera

光照

明亮‧間接

水量

中等
（冬季的水分需求低）

介質

排水良好

絲葦是另一種華麗而富質感的叢林居民，原生於南美洲和中美洲的熱帶雨林。絲葦屬的品種很多，但 *Rhipsalis baccifera* 因其自盆緣大量傾洩而下的纖細莖條而特別引人注目。隨著精緻白色花朵而來的是白色漿果，類似槲寄生的果實，因而有槲寄生仙人掌（*Mistletoe cactus*）的英文俗名。

它和羽葉曇花（見第 54 頁）一樣，是喜愛叢林的仙人掌科植物，在類似沙漠的條件下表現不佳。它可以應付早晨或傍晚的少許直射陽光，更多日照卻會灼傷莖條。它熱愛濕度，因此光線充足的浴室是理想的選擇，只需確保土壤先乾透再澆水，以避免根腐病，較寒冷的月分裡必須大幅減少澆水量。瓦盆可以讓介質呼吸，幫助散發水分。也可以用皮繩或綿線編成兜，將盆子掛起來。

光照

明亮‧間接

水量

中等

介質

排水良好

鶴望蘭屬
Strelitzia

　　有些植物一出場就能把你帶到氣候溫暖的國度。來自南非沿海叢林，有著大型槳狀葉片的鶴望蘭屬天堂鳥就是這樣的植物。我們經常說某些植物非常具有代表性，當談到鶴望蘭時，腦中無疑會出現：「我們到了熱帶！」鶴望蘭屬有五個種，其中卻只有兩種很容易在室內種植：有著艷麗橙色花朵的黃花天堂鳥（*Strelitzia reginae*）和有著白色花朵黑色「喙」的白花天堂鳥（*Strelitzia nicolai*）。

　　不過說實話，這兩種並不容易在室內開花，所以通常在選擇的時候是針對兩者的葉片偏好和空間需求。白花天堂鳥的葉片較綠、較亮澤、較長也較寬，可以長到非常大（野生種可以長到 9 公尺高）。另一方面，黃花天堂鳥的葉片色澤比白花天堂鳥灰一些。一旦天堂鳥達到約一公尺半的高度，就會開始水平生長，葉片向側邊增生。

　　這兩種都可以在適當的條件下快速生長，因此需要足夠的空間才能長得好。天堂鳥喜歡大量明亮的光，少許直射光，保持土壤濕潤但不積水，環境要溫暖（這棵熱帶寶貝並不特別耐寒）。其他需要考慮的是陽台上的強風、或是位於入口或走廊等人們走動時常常掠過的位置，葉片容易因此扯裂。為了保持葉片美觀，最好將植株放在避風之處，而且沒有來往的人流！

　　偶爾出現褐葉或黃葉，可以在靠近葉片基部剪掉葉片。如果葉子變褐又酥脆，可能是澆水過多；若離中心最遠的葉子開始變黃，便是澆水不足。想要天堂鳥開花，植株至少得四到五歲，根系填滿盆器，並放在室外一段時間，但不受正午陽光的直接照射。這棵植株將會變得沉重難以挪動，但是為了欣賞到美麗的花朵，值得一試。

造型重點

如果你追求的是熱帶風情，就真的沒有別的植物能取代天堂鳥。讓它的葉片傳達明確的訊息：用簡單的白色或輕質水泥盆器，大到足夠容納這株搶眼的美人，可是也要避免過重以備必要時方便移動。

黃金葛
Epipremnum aureum

光照
明亮・間接

水量
中等

介質
排水良好

黃金葛可說是最容易種植的室內植物之一；生長速度又快又猛，淨化空氣品質的能力也堪稱一流。這種熱帶藤本植物算得上是室內生存競賽的大贏家，因為它很容易牽引枝條方向，達成你想要的布置效果，所以備受歡迎。黃金葛有多個品種可供選擇，從一般常見的金綠色交錯，到淺綠色的萊姆黃金葛，還有風格獨具白綠斑紋的白金葛，肯定有一款能引起你的好奇心。

從架子上垂下的黃金葛看起來很美觀，你也可以用掛鉤輔助枝條圍繞在牆壁或門框周圍。雖然它們有能夠附著在樹或牆面的小氣根，但通常需要一些幫助，才能固定在你想要的地方。它們可以長到驚人的 20 公尺高，不費吹灰之力就能填滿空間，但是只要定期修剪，也很容易維護。

造型重點

• 讓這些翠綠的佳麗自書架或植物架上垂下是最不花腦筋的展示方式，但若要營造壯觀的視覺效果，就輔助它沿著牆面生長，形成名符其實的叢林。

• 另一種有創意的展示方式是擺設一座具時尚感的繁殖台，上面放著各色各樣的玻璃容器，裡面裝滿大量的插條。不過一定要定期換水，維護插條的健康。

養護重點

• 老葉會變黃，是植物正常老化的過程之一。定期修剪老葉，讓植物集中能量長出新生枝葉。

黃金葛非常好養，它們在明亮的間接光下長得最好，但也可以忍受弱光條件，只是在光線減弱的情況下，黃金葛對水的需求也會減少，連帶生長速度也會較緩慢，不過最好還是每隔幾年換盆一次。

　　它們也非常容易繁殖：只需在葉節位下方切下至少 10 公分的莖條置於水中即可。只要瓶裡的水看起來很乾淨，就每星期重新注滿水；若水開始顯得有點混濁，則換上新鮮的水。給它幾個星期的時間發展出新根系，然後重新種植在原來的盆器裡讓原本的植株更豐盈，也可以用另一個盆子種出新植株。這是打造叢林最最便宜的方式，也是送給朋友和家人的討喜禮物。

金蕊曇花（大鯊魚劍）

Epiphyllum chrysocardium

　　金蕊曇花的英文俗名為「蕨葉仙人掌 Fern leaf cactus」，乍看之下令人一頭霧水，「蕨葉」是形容莖的形狀，它本身是屬於仙人掌，莖呈現粗鋸齒狀，外型散發著史前風格。雖然它並不算是觀葉植物，但在室內叢林裡的視覺效果非常好，我們還是將它納入書中！如果富有造型圖像感的扁平莖條還沒收服你的心，那麼它絢麗、精緻且短暫的美麗花朵肯定能讓你下定決心收藏一株。它的花朵中心有美妙的金色雄蕊，雖然曇花屬植物白天也會開花，很多品種卻只在晚上伴著月光開花，是不是太夢幻了！

　　由於它是從耐旱的沙漠居民演化為適應潮濕陰涼叢林的叢林仙人掌。這個物種移居熱帶之後，濕度已經不再是問題，尋找光照反而變得更加重要，所以張開了無葉的莖，幫助進行光合作用。

　　金蕊曇花原生於墨西哥，通常很容易照顧。不同於沙漠仙人掌，直射陽光是它的大忌，因此請保持明亮但間接的光源。表層土壤乾燥時再澆水；較冷的月分需要減少水量。

光照
明亮‧間接

水量
中等（冬季需水量少）

介質
排水良好

造型重點

● 無論是放在浴室、臥室或客廳裡，從高架子上垂洩而下的金蕊曇花看起來美得不可思議，襯著白牆的鋸齒狀葉片格外醒目。

● 搭配絲葦（參見第 44 頁）和黃金葛（參見第 50 頁），混合不同質感，營造出一片窗簾般的綠瀑。

毬蘭屬
Hoya

光照

明亮‧間接

水量

低 + 噴霧

介質

排水良好

造型重點

一旦毬蘭屬植物找到最適合的位置之後就不喜歡搬家，所以首要之務是考慮擺放位置。我們建議將它們放在明亮的地方，你才不會錯過美麗的花朵。

許多植物因其葉片觀賞價值而被引進室內，但有些植物的花朵也同樣壯觀。毬蘭厚實的蠟質葉片有多種形狀、大小、顏色和質地任君選擇，但是真正令人驚嘆的是它們甜美的星形花序，格外與眾不同。

毬蘭是原生於澳洲和東亞的熱帶植物，非常適合從吊籃懸垂下來或以支架輔助生長。它們的多肉葉片很健壯，可以等介質乾透再澆水，簡單照料就能不斷生長。

放在室內的毬蘭需要完全成熟才能開花，甚至只有在正確的照顧下才開。那麼對毬蘭來說，什麼才是正確的？這一點主要與光線有關，刺激植株開花的最好方法是將它放在非常明亮的光線下，但是不要全日照。溫暖時大量澆水，冬季裡大幅減少。

由於大多數毬蘭是附生植物，根系會日漸盤滿盆器，換盆時新盆只需比舊盆稍微大一點。它對肥料的需求不高，夏天時兩周施一次加倍稀釋的液態肥。施肥的最佳時機是在你晚上關燈休息之前，或是空氣還很涼爽的早晨。

秋海棠屬
Begonia

光照
明亮‧間接

水量
低—中等

介質
排水良好

在傳統印象中，秋海棠是在長輩的年代才流行種植。其實它們和裝飾效果最強的室內植物搭配起來，這個活力充沛又多產的族群，可以大大增添室內叢林的視覺趣味。秋海棠屬有一千八百多個種。我們最喜歡的是麻葉秋海棠 *Begonia maculata* 灑滿斑點的葉片，酸葉秋海棠 *Begonia acida* 如圓形綠傘的葉片，和巴西心秋海棠 *Begonia solananthera* 嬌嫩的白色花朵。

秋海棠性喜高濕度環境，但是並不喜歡葉片濕漉漉的，所以最好和其他喜濕植物群組在一起，創造屬於它們的微型氣候。增加濕度的另一個要訣是將植物放在鋪滿鵝卵石的水盤上，這麼做能提高濕度，略為加濕空氣，同時避免根部泡水導致腐爛。種植秋海棠最常見的錯誤之一是過度澆水。如果植物沒放在鋪了卵石的水盤上，那麼每次澆水之前要先等表層數公分的土壤乾透之後再澆，並在澆水後半小時倒掉多餘的水。

秋海棠在室內栽培也很容易開花，而且美不勝收。不過也有許多人以觀賞葉片為主，見到花苞就會摘掉，讓植株能量集中於生長新葉。

一旦迷上秋海棠，就會想收集更多品種，你可能會開始和其他植物同好交換枝條做扦插繁殖，拼命尋找奇特的品種。老一輩的人肯定很高興看到秋海棠重新出現在植物愛好者的家中！

造型重點

將五彩斑斕的多款秋海棠和其他同樣喜歡群聚的植物種放在一起，例如青蘋果竹芋（第 68 頁），讓條紋和斑點主導空間，就像安諾·里昂的有棚陽台（第 212 頁）。

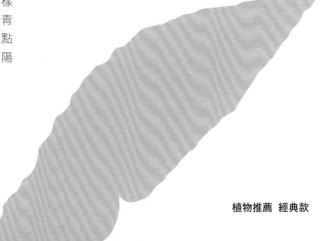

新潮款

現在你已經認識經典款了，是時候看看更特別、稍有難度的植物了。它們需要多花你一點尋找和照顧的時間，但是我們保證花費的這番心血非常值得！

姬龜背芋（四子針房藤）
Rhaphidophora tetrasperma

姬龜背芋的葉片小巧，事實上姬龜背芋既不是龜背芋也不是蔓綠絨。這個小可愛也和兩者同屬天南星科，卻是崖角藤屬裡的一個種。

撇去俗名不談，這款搶眼的室內植物可是非常熱門呢！它綠油油的葉片沿著中央向兩側裂開，形成具有戲劇效果的焦點植物，非常適合獨自放在有大量明亮間接光的位置。在溫暖的季節裡每個月施肥，能刺激植株健康茁壯，除此之外的維護成本很低。

造型重點

由於它的結構緊湊，非常適合較小的空間。姬龜背芋生長快速，從植物架上懸垂而下會很好看，也能以攀爬柱支撐，鼓勵它向上生長。我們喜歡把它放在臥室裡，每天早上一睜開眼就能欣賞。

光 照
明亮，間接

水 量
中等

介 質
排水良好

青蘋果竹芋
Calathea orbifolia

光照

明亮‧間接

水量

中等──高＋噴霧

介質

排水良好

造型重點

青蘋果竹芋適合和其他竹芋放在一起。除了各色各樣的葉片花紋能創造最大的視覺效果之外，將它們放在一起，也能讓你在定期檢查時，一次照顧到所有維護手續較多的植株。

青蘋果竹芋是我們最喜歡的植物之一；它有大而醒目的亮綠色葉片，銀色條紋隨著每片新葉變得越來越粗。你可以大膽地將它和秋海棠、斑馬竹芋群組布置，讓你的植物陣容發揮最大的吸睛效果。

　　當然，所有的美麗都少不了一點點付出，這款絕世美女肯定能讓你保持警覺。植株必須遠離冷風和空調，因為乾燥的空氣會讓葉子尖端變成棕色。定期噴霧對它來說十分受用，對於保持土壤濕度很重要，但又不至於過濕。青蘋果竹芋對礦物質相當敏感，盡可能用純水或事先靜置二十四小時的自來水澆灌和噴霧。說到水，用濕布擦拭葉片除去灰塵，比使用亮光噴霧劑更好。雖然照顧上較為費心，但是長此以往，它將以美麗的姿態感謝你。

　　青蘋果竹芋可以在每兩年的春季以分株方式繁殖。將根系分成兩株植物，然後立即種到新鮮的土壤介質裡。讓新的分株保持溫暖和濕度，接下來就等著看它們成長了！很快地，你就會擁有青蘋果竹芋家族，每個房間放一株。

光照
明亮·間接

水量
中等

介質
排水良好

星點藤

Scindapsus pictus 'Argyraeus'

星點藤懸垂的美麗葉叢在很多方面都類似我們的老朋友黃金葛，它的深綠色心形葉片上灑著銀色斑點，如此令人眼睛一亮的爬藤植物絕對值得加入你的室內叢林。

如同所有斑葉植物，植株接受到的光照越強，色斑變化也越明顯，但它也能在低光照條件下生存。它並不挑剔，但不喜歡潮濕的土壤或冷風。修剪掉稀疏的枝條尖端，能讓植株看起來濃密茂盛；可以利用扦插法在春季或初夏輕鬆繁殖。如果照顧得當，它抵抗蟲害的能力會很好，但是太潮濕會導致根腐病，讓植株衰弱而容易受到害蟲和疾病攻擊。避免過度澆水，就能減少它受到蟲害。

造型重點

野外的星點藤會攀附在樹幹上或沿著地面蔓生，但是它們在室內的吊盆裡看起來同樣很棒，也很適合高踞於客廳或臥室的層架上。

琴葉蔓綠絨
Philodendron bipennifolium

光照
明亮，間接

水量
中等

介質
排水良好

蔓綠絨屬也是我們很喜歡的室內植物，它們易於照護，並散發些許宜人的熱帶風情。如果你追求的是比較不尋常的品種，就可以試試琴葉蔓綠絨。它的綠色小提琴形葉片優雅富光澤，可以長到 25 公分寬和 45 公分高，肯定會在室內叢林之中發揮獨特的個性。

琴葉蔓綠絨是原生於南美洲的藤類植物，以攀爬柱供其攀附生長會很美觀。它不需要特別照顧；一般明亮、間接的光線和穩定的澆水時間就行了，先等表層栽培介質乾燥之後再澆。

造型重點

除了攀附攀爬柱生長，也可以任琴葉蔓綠絨伸展懸垂；最好有足夠空間讓這株美人好好表現，像是客廳前方和中央位置，甚至遮蔽式陽台也很適合。

造型重點

讓這株蔓綠絨散發美麗的光芒，在你的客廳或臥室裡展露個性，它能為任何光線充足的空間增添奇妙的熱帶風情。

光照
明亮，間接

水量
高

介質
濕潤——保濕

錦緞蔓綠絨

Philodendron gloriosum

　　這株天鵝絨質感的女神，確實有如錦緞般光彩照人。它的葉片十分巨大，但是展開速度卻慢到令人等不及，增添了幾分戲劇效果和懸疑性。它喜歡向外開展，而不是攀附；這種地生蔓綠絨的葉片從接近地表或位於淺土裡的莖上長出來。天鵝絨般的心形葉片表面上有醒目的粉紅色或銀白色凹紋，隨著植株年齡的增長會變得更加亮眼。

　　錦緞蔓綠絨是生長緩慢的蔓綠絨，比一般室內植物需要多一點維護，但是額外的心血絕對值得。明亮的光線是必不可少的，土壤也要維持濕潤和高濕度。

心葉蔓綠絨
Philodendron micans

　　心葉蔓綠絨優雅的青銅色心形葉子，顏色和質感都顯得不凡，可以在一片綠意中跳脫出來。

　　它的葉片之美的確獨具一格：除了不尋常的色彩之外，還有天鵝絨般的質感和虹彩特色。縱使它如此特殊，心葉蔓綠絨卻意外地容易照顧。

　　土壤介質最好在溫暖的月分中保持濕潤，這段時間裡也很適合給葉子噴霧；但是在較寒冷的月分裡一定要讓它維持較長的乾燥時期。雖然它會在明亮的間接光線下茁壯成長，但也可以適應較暗的環境。

造型重點

● 由於它是爬藤植物，你可以用攀爬柱供其攀附或任意懸垂。

● 扦插繁殖也很容易，一旦扦插生根之後就可以種在小陶盆裡，讓天鵝絨般的葉子開始熠熠生輝。

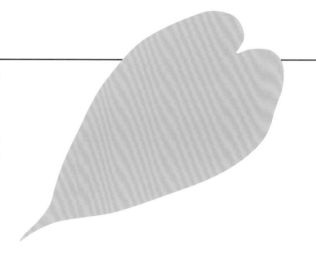

光 照
明亮，間接

水 量
中等 + 噴霧

介 質
排水良好

三角紫葉酢漿草
Oxalis triangularis

　　你應該不相信竟然有人看見這款顏色造型特殊的植物時還能心如止水，可能因為酢漿草屬是很大的家族，其中幾個侵入性品種使整個家族被園丁們視為不受歡迎的植物。但是我們不能一竿子打翻一船人，三角紫葉酢漿草的紫色葉片有如蝴蝶翅膀，像是在纖細的莖頂上飛翔，甚至還會詩意地配合白天及夜晚的節奏開合。

造型重點

由於三角紫葉酢漿草的葉片顏色和形狀大膽，中性色盆器較能襯托葉片成為焦點。我們建議搭配有質感的手工陶瓷容器，且形狀必須簡單。

光照

明亮，間接

水量

植株年輕時澆水量中等，
成熟或休眠時轉為少量

介質

排水良好

　　三角紫葉酢漿草也稱為愛之草，與酢漿草有類似的氣質，因此也有另一個俗名「假三葉草」。除了美麗精緻的葉片之外，它還有淺紫色或白色的嬌小鐘形花朵，悠閒地生在葉片上方。它是非常漂亮的植物，我們喜歡它稍微疏鬆的生長型態（而不是濃密聚集）。你可以試試不對稱的生長形式，也就是不需要像對待其他植物那樣旋轉盆器使其均勻生長。它最多可以長到 50 公分的高度和寬度，讓任何看見它的人為之傾倒。

　　這款植物養護不當就會進入休眠狀態。此時葉片會枯死，植株看起來有如死亡一般；但是別害怕，因為它可以在短短幾週內恢復生機。剪斷所有死葉，讓植物有機會休息；遠離明亮的光線，少澆水，直到長出新生葉片，此時你就可以將它放回平常的位置，正常澆水。

瑞典常春藤
Plectranthus australis

光照

明亮，間接

水量

中等

介質

排水良好

　　雖然這款植物最早在瑞典是作為室內植物而大受歡迎，它們也像長春藤般有向下披掛的長莖條，但這種超級容易照護的美麗植物並非來自瑞典也不是常春藤！它非常適合新手園丁，而且當我們說很容易照護，這絕對是真話。這款出眾的植物只需要很少的維護就能欣欣向榮，回報你非常好看的葉片。

　　在理想條件下（明亮的間接光照），瑞典常春藤生長速度很快。偶爾幫它修剪黃葉或枯葉並根據喜好造型，就能讓它保持體面。不費吹灰之力！

造型重點

吊籃能讓瑞典常春藤豐美的葉片從高處美麗地披洩而下，並提供它需要的生長空間。放在層架高處營造出的茂盛風情也同樣美麗。

造型重點

在任何情況下，都不要將這
株植物放在不顯眼的位置。
你應該將它放在植物群的前
方中央位置，充分展現罕見
和不尋常的美；或者在風格
簡約的空間中擔任視覺焦
點。

光　照
明亮，間接

水　量
高

介　質
排水良好

異色山藥

Dioscorea dodecaneura

　　它絕對是本書所介紹最稀有的植物之一。異色山藥很漂亮，卻也很難找到。這種戲劇效果十足的爬藤植物來自厄瓜多爾和巴西，心形的葉子片上散布性感的色塊斑紋。深綠色的葉片會隨著時間和植株成熟而長大，間雜著銀色的細紋，並隨機灑上栗子色和黑色斑點，底色是深粉紫色，看起來酷似一幅活生生的水彩畫。

　　異色山藥以逆時針方向纏繞，儘管莖條極為細緻，卻能輕巧地向上生長。除了華麗的葉子外，它還會開出小而白的芬芳花朵，向下方形成花簇。可惜，生長在室內的異色山藥很少開花，但是有了這麼美的葉片，誰還需要看花呢？

　　它能在充足的光線下茁壯成長，喜歡少許早晨或下午的直射陽光，最好能透過沒有陰影的窗戶接收到四個小時或更長時間的日照；也可以接受大量明亮的間接光。異色山藥是容易口渴的熱帶植物，所以需要規律澆水。當冬天氣溫下降時，它會進入休眠狀態，基部塊莖以上的部分會枯死。發生這種情況時就要停止澆水讓塊莖幾乎完全變乾；等到春天再次開始澆水時，它就會重新開始生長周期。它對大多數害蟲和疾病具有抵抗力，通常很容易照顧，最難的部分反而是得到一株！

窗孔龜背芋
Monstera adansonii

光照

中等，明亮，間接

水量

中等＋噴霧

介質

排水良好

龜背芋迷的另一個絕佳選擇是窗孔龜背芋（也常被稱為洞洞蔓綠絨），它是龜背芋（第 36 頁）的爬藤近親，葉片富圖案感。如果任其生長，可以攀爬生長到二十公尺高。它經常與多孔龜背芋 *Monstera obliqua* 混淆，後者的葉子更窄，洞更大，並且比窗孔龜背芋更稀有。

　　窗孔龜背芋原產於中美洲和南美洲，維護成本低，卻能賦予空間異國情調。明亮的間接光照能讓它快樂生長，它也可以經過修剪保持整潔和豐盈。如果你注意到植株徒長，葉片尺寸也變小，就可以動手修剪，刺激新生。繁殖時的插條必須包括一個葉節點和至少十公分長度的莖，放入水中或直接插入已填充乾淨介質的盆栽中即可。

光照
明亮‧間接

水量
中等

介質
排水良好

斑葉龜背芋

Monstera deliciosa 'Variegata'

　　斑葉植物近來似乎空前熱門，最搶手和最難取得的肯定是斑葉龜背芋了。它是社群媒體間絕對的寵兒，想購買一根插條必須付出的金錢也同樣高昂。斑葉龜背芋有兩個栽培種：具有大片白色斑點的「Albo-variegata」，以及斑點更多的「Thai constellation」。兩者都很棒，得到任何一種都幸運，更不用說兩種了！

　　由於葉片的白色部分無法吸收葉綠素，意謂著植物必須加倍努力才能進行光合作用。一般來說，這代表它們的生長速率比非斑葉的植物更慢，而且需要更多的光照。因此，定期擦拭葉片很重要（用濕布擦或在淋浴間淋水），讓它盡可能多吸收光照，維持葉片上美妙的斑點。注意不要過度施肥，因為它對土壤中的鹽分非常敏感。

造型重點

我們喜歡將斑葉龜背芋與非斑葉植物放在一起，以強調它不尋常的斑駁葉片。當某位又嫉又羨的植物迷朋友向你索求一根珍貴的插條時，你肯定會難以割捨！

斑葉吊蘭
Chlorophytum Comosum 'Bonnie'

吊蘭是七０年代極為熱門的室內植物，但是已經失寵一段時間了。

值得慶幸的是，如同大多數事物，它又捲土重來受到歡迎，讓我們再次欣賞這款易於養護的植物。假使你想更有異國情調，「邦妮 Bonnie」這款斑葉品種比一般吊蘭更卷曲，能讓畫面更可愛。它和所有常見品種同樣容易照顧，但多了活力。它也是美國太空總署 NASA 的頂級清潔空氣植物之一，所以稱得上是贏家中的贏家。

吊蘭是天門冬科的一員，有近兩百個品種。九０年代最受歡迎的品種是中斑吊蘭「Vittatum」，每片葉子中央都有一條寬闊的白色條紋。「邦妮 Bonnie」也有相同的紋路，再加上悅目的彎卷葉片。吊蘭真的很不挑剔，不需要太多光照，所以常常用來裝飾浴室。它最獨特之處是產生「寶寶」的方式：懸掛在植物下方看起來像小蜘蛛的高芽，你可以將它摘下來另外種在新盆裡，就可以繁殖成新的一盆。

吊蘭需要的肥料很少，太多肥料會妨礙它生出高芽寶寶。保持介質均勻濕潤，但不要過度澆水，否則會葉片會褐化。過多的氟化物也會導致灼傷，所以盡可能使用純水。如果發生灼傷，就用鋒利的花剪斜斜地剪掉褐色葉尖，使它們看起來很自然。它不太喜歡寒冷，偏好恆常的溫暖氣候。

造型重點

擁抱七０年代的氛圍，讓捲曲的吊蘭
寶寶們自由地從植物架上懸垂下來。

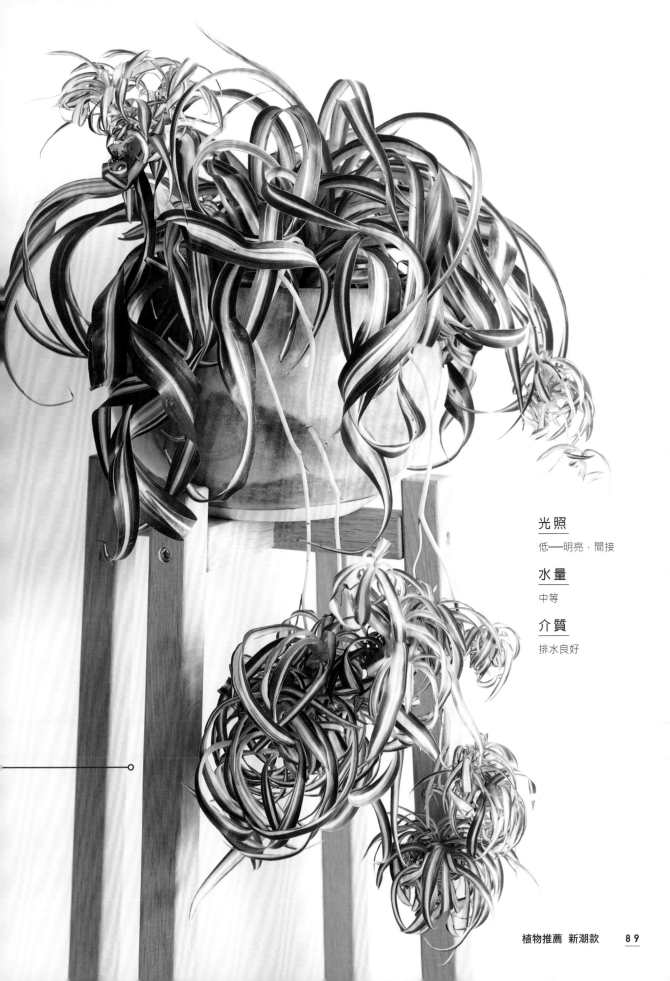

光照

低——明亮 · 間接

水量

中等

介質

排水良好

斑馬觀音蓮
Alocasia zebrina

光照
明亮，間接

水量
高＋夏季噴霧

介質
排水良好

斑馬觀音蓮以其黃色和黑色條紋的莖而得名，原生於一座菲律賓島嶼。這種獨特的植物有大而富光澤的綠色箭形葉片，喜歡伸向最亮的光源，所以必須偶爾轉動盆器以使生長型態美麗均勻。你也可以讓它單邊伸向光源，使植株顯得更戲劇化。

如同其他觀音蓮，它在合適的條件下能長得很快。每根新的莖幹都比前一根更高，並且可以長到一公尺的高度，使成熟植株高大得令人難以置信。

觀音蓮是出了名的挑剔，能令入門者和經驗豐富的園丁同樣洩氣。觀音蓮對光照和水量的需求很高，尤其是在夏天。溫暖的月分裡要定期澆水，冬天時則減少，因為它會休眠枯萎。它的根不喜歡低溫，澆水請使用常溫水，少量噴霧製造出它喜歡的濕度。

造型重點

這株美女的莖和葉片一樣耐看，所以放置位子建議要能完全欣賞到整棵植株。

形塑
植感風格

我們的住家和工作場所提供我們獨特的機會表達自己的個性和風格。如同空間中的配色、藝術品、家具和家居用品能反映我們的審美觀，植物也有同樣的作用。與無生命的裝飾性物件相較，植物的生機是很重要的，它們需要相當程度的關心，靠墊和地毯則不需要。想培育出美麗的室內植感叢林，細心照護和造型同等重要。

專屬你的
叢林植感風格

　　現在你已經更詳細地評估了自己的空間，應該也收集了不少植感空間圖片，並了解一部分照顧及維護植株的必要知識，是時候開始探索了；不僅僅是探索那些能夠在你的空間中生存的植物，還包括能夠展現你理想中叢林美學的植物。

　　說到風格，跟著直覺走很重要。的確，這方面沒有硬性規定，所以不要感到束縛；這是一個讓創造力自由發揮的機會。當然，空間裡的物品會隨著室內裝潢的風格來來去去，但相信我們，當屋角的銅製落地燈過時之後，你的龜背芋仍能繼續帶給你長長久久的快樂。不盲從趨勢，能讓你專注在引入真正帶來快樂的空間元素。

　　你的空間很可能已經反映出你的個人風格，所以新增加的植物應該補充和提升現有的元素。將植物視為美麗的畫龍點睛，為室內設計增添一層色彩和質感。同樣地，帶進屋裡的植物配件和植物裝飾品也應該與整體視覺相輔相成。從植物的盆器到照護它們的工具，每一樣都提供了美化空間的機會。可愛極了的黃銅噴壺可以坐在需要常噴霧的植物旁，一把好的花剪也可以像藝術品般展示，因為它對修剪和繁殖都很有用。

為植物造型時需要考慮的一些事項：

植物形狀、大小和生長模式　為植物尋找擺放位置時，要考慮形狀（比如樹狀、直立式、藤蔓或垂曳）、它目前的尺寸以及長大過程中可能的變化。這些通常能幫助你確定植物在空間中的最佳位置。印度橡膠樹和龜背芋之類的植物生長迅速而且茂盛，需要大量伸展的空間。較大的植株適合以造型簡單的盆器種植放在地面上，我們才能充分欣賞那些戲劇性和引人注目的葉片。懸垂植物如黃金葛、愛之蔓則放在盆栽架上、層板頂端或懸掛在吊盆上都很漂亮，任其向地板傾瀉而下。

植物配對　將需求類似的植物群組在一起可以節省照顧時間，並創造對它們有利的微型氣候。以視覺趣味為出發點，結合不同的葉片紋理、生長模式和盆器。當空間非常寶貴時，在房間四處以小群植物點綴桌面和層架可以打造出精緻的視覺效果，就連最窄小的公寓也能顯得綠意盎然。以三或五的數字群組植株，往往比偶數植株更具視覺吸引力。

葉子的紋理和圖案　將型態、紋理或色彩豐富的葉片（想想秋海棠、竹芋和蕨類植物）搭配葉片形狀較簡單、圖案感卻更強的植物，能進一步提高室內叢林的深度和趣味性。如果你想大膽地嘗試，高度圖案感的植物就是王道。

選擇適合的盆器

從手工陶瓷花盆到陳舊的陶甕，在替植物搭配理想的容器時，你應該考慮的是整體，而不是個別組成元素。為植物選擇完美的家，除了考慮視覺效果之外，也要考慮功能。在實用角度方面，大小材質適宜的盆器讓你能輕鬆澆水、為根系提供足夠生長空間。從視覺方面來說，你選擇的盆器除了能夠提升植物的整體質感之外，還能為室內叢林創造出協調的風格。

在苗圃購買植物時，很可能許多跟著你回家的植物是種在塑膠盆裡的。這些塑膠盆雖然在視覺上並不令人興奮，卻也沒有必要立即重新換盆，除非你已經可以看到根條盆底伸出，或者是剛好有特定的盆子可以直接種進去。將塑膠盆遮起來最簡單的方法之一就是放在套盆裡。套盆一般不會有排水孔，但必須大到可以讓塑膠盆自在地放在裡面。接下來，你就可以直接給套盆裡的植物澆水（節省往返水槽的精力）；只是澆完水三十分鐘後不要忘記倒掉套盆裡的積水。

選擇盆器時最好考慮室內風格、家用品和空間裡的現有色系。你為植物們選擇的容器應該與室內美感相得益彰，進而提升觀賞價值。如果你的風格傾向大膽、不拘一格，就可以使用有鮮豔色彩和圖案的容器。不過要記得，容器應該襯托出植物最美的特點，如果將斑葉或紋理豐富的植物放在非常花俏的盆子裡，看起來可能會過於雜亂。在這種情況下，外觀較中性的盆子將能發揮植物的特色。

考慮一下植物和盆器將如何在空間裡互相搭配。只使用一種風格但尺寸不同的盆器（如陶盆）也許會非常有效。如果你像我們一樣酷愛收集精美的手工陶瓷花盆，就可以考慮將形狀、紋理和表面裝飾互補的花盆群組在一起。形狀多變的容器和植物組合起來，可以提高視覺趣味，尤其是在空間內分群擺放植物時。我們會四處尋找工作坊的獨特盆器，這些充滿創意的手工職人，往往為作品注入不可思議的生命力。支持他們的同時也讓我們感覺非常滿足。

◀ 室內植物的形態和紋理繁多，我們很愛這株大麻葉花燭 *Anthurium polyschistum* 的星芒型葉片，它也常被稱為假大麻 Faux marijuana。

其他可以考慮的器皿

自動澆水花盆

這類盆子底部有儲水槽，將水吸進植物所在的土壤裡，特別適合容易口渴的植物們，比如熱愛濕潤土壤的波士頓腎蕨和鐵線蕨。對於經常出差、無法定期澆水的人來說也很方便。

吊盆

非常適合展示茂盛的懸垂式葉叢。要確保用鉤子將吊盆固定在堅固的橫樑上，或掛在堅固的欄杆上。

▶ 這家位於拜倫灣的商店 Nikau，使用輕便的藤籃和編製籃做為套盆，籃子底部放一個水盤盛裝多餘的水。

植物在空間裡的擺放位置通常可以幫你決定需要採購的盆器類型。你可能想找一株樹型盆栽填補一個空蕩蕩的大角落。在這種情況下，你要考慮的是盆栽重量以及澆水方式。選擇輕質、仿水泥的盆器可能比結實的盆器來得好。你也可以考慮將植物裝在原本的塑膠盆裡，下面放水碟，外面再套套盆，如此不僅方便澆水，必要時還可以輕鬆搬到另一個位置。若是你決定直接種在盆裡，那就是打算不用經常搬動它，澆水時還需要在下面放一個水盤盛裝流出的水。

將較大的重點植物放在簡單的幾何花盆中看起來就像是主角，能營造強有力的視覺基礎，但要讓植物位於視覺中心位置。幾何風格花盆經常有白色、黑色和水泥色可供選擇，可能也有繪上簡單圖案的設計，能夠創造出美麗而有個性的畫面，卻又不至於和室內其他元素相衝突。當將幾種不同尺寸的植物群組起來時，中性色彩但是不同大小的盆器可以產生相當有效的視覺節奏。蛋形、高圓柱和矮圓碗狀器皿可以用協調的色彩、經過選擇的植物結合在一起，畫面會很美麗。將養護條件類似的植物群組起來，不但能在視覺上發揮作用，也能大大節省照料時的功夫。大株熱帶天堂鳥搭配龜背芋或大株蔓綠絨都很棒；它們都能在明亮的間接光線中長得很好，混搭起來的葉片形狀和生長模式更是絕妙的搭配。

除了較傳統的盆器，我們也喜歡融入有紋理的編織籃，對於遮蔽塑膠花盆也很有用。這些相較之下便宜且質輕的套盆對維時較短的室內叢林特別實用（例如租屋族），也適合喜歡配合心情不斷更換植物位置的人。藤編是另一種特別適合室內植物的有機材料。當室內植物在七〇年代大行其道時，藤編質感也同樣流行；如今，充滿復古風味的藤編又捲土重來了，有些令人驚豔的藤製植物架與綠色植物配合起來，要多美就有多美。

工具

俗話說工欲善其事必先利其器，有了正確的工具，照顧和打造室內叢林就會變得更愉快和有效。這裡介紹的是我們的部分必備工具。

剪定鋏或剪刀　方便修剪枯葉，並在扦插時切出乾淨的切口。它們也能用於將攀爬柱剪短。一定要保持超級鋒利和乾淨。

澆水壺　可能需要幾種不同的尺寸，但其中至少有一個的噴口細長，能將水準確澆到土壤裡。每次澆完水後，記得要再次注滿，如此一來手邊會永遠有純水可用。

噴壺　想為熱帶喜濕植物的葉片提供少許濕氣，使用噴霧器或噴壺就能輕鬆完成這件任務。早晨是噴霧的最佳時間，但是通風一定要良好，水分才不會停滯在葉片上。

溼度計　市面上有很多這類產品，能夠讓你知道植物何時需要澆水。有些設計是將溼度計持續留在土裡，其他則是澆水時才使用。如果你熱衷高科技，甚至可以選一個可連接手機應用程式的先進款式！

圍裙、手套＋口罩　接觸土壤時（特別是上盆的時候），適當的防護是必要的。手套和圍裙可以保持雙手和衣服清潔，戴上口罩能避免吸入揚起的塵土。

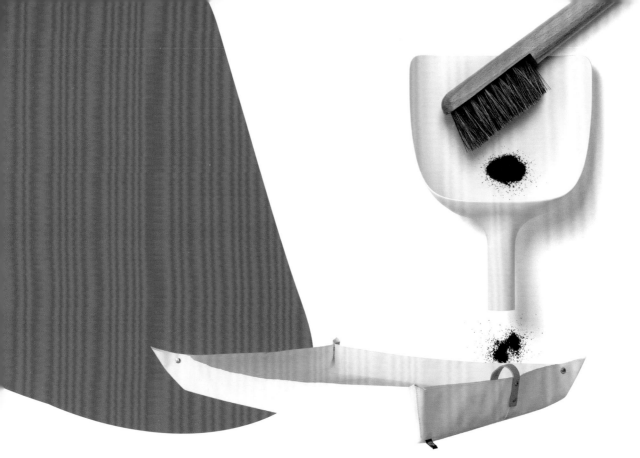

換盆墊　特別是對我們這些住在公寓裡，可能在室內上盆的人來說，在換盆墊裡面操作可以避免髒亂。

畚箕　畚箕能清理任何從托盤中撒出來的東西，輕鬆掃掉土壤和枯葉。

植物架　為室內叢林增加高度變化，並讓植物遠離地板或桌面。有多種材料可供選擇，但最常見的是木料和金屬。

掛鉤　無論你是要輔助藤蔓爬上牆面或支撐吊盆，不同形狀和大小的掛鉤是植物造型工具裡實用的小物件。

花盆和器皿　盆器的樣式應有盡有（我們在第 97 頁有更詳細的介紹），但是想為植物找到完美的家，既要考慮功能也需考慮美學；搭配得好，就能將一株植物的美發揮到淋漓盡致。

攀爬柱　這個重要工具能支持植物直立生長、輔助爬藤植物，市面上有多種材料和粗細。從細瘦的竹桿到厚實的水苔棒都有；先將攀爬柱固定在土壤中，用麻繩或細線將莖固定到柱上，植物就會越長越高。

營造手法：
檢視空間的條件與用途

在我們看來，無論是屋裡哪個房間，肯定都能在打造室內叢林時因為綠色植物而獲益。想將植物帶進每個空間裡，首要決定因素就是可接收到的光線和溫度，但是在這些現實條件之外，讓植物為空間注入生機的手法可說不勝枚舉。在以下頁面中，我們會逐個房間展示如何精心地將植物融入每個角落和縫隙。這些綠意可以為室內裝潢畫龍點睛、豐富室內的形狀、色彩，質感及和諧氣氛，使美感更完整，並搭起人們與大自然的連結橋梁。

臥室

　　臥室是家中最重要的空間，讓我們放鬆的避風港，因此將綠油油的植物帶進臥室再理想不過了。植物能使空間變得柔和，散發出平靜的感覺，很適合放在我們休憩的場所。擅長淨化空氣的植物們，例如黃金葛、吊蘭和虎尾蘭都能幫助你呼吸順暢，得到最好的睡眠品質。

　　大坪數臥室可以將有如大型雕塑的重點植物放在美麗的花盆裡，與放在植物立架上的其他植物混搭，做出高度變化。想讓比例更有趣的話，將較小的植物放在床頭櫃上或自梳妝台側面傾瀉而下。試著將植物掛在天花板的掛鉤上，或者利用現有的設備掛在窗簾滑桿上。

　　就算臥室很小，也不必犧牲室內的綠意。在床頭上方高處安裝一片層板，展示垂曳而下的植物。像是湯瑪斯·丹寧就在主臥室床上方創造了這個充滿時尚感的植物架（想看更多他擺滿植物的墨爾本公寓，請見第204頁）。以下是幾個植物和床頭層架的配合要點。

1　要確定所有花盆都有水盤（越深越好），接住澆水時多餘的水，避免弄濕床具。

2　要確定層架是專業人士安裝，並且可以承受盆栽的重量；被落在頭上的植物砸醒絕對令人無法放鬆！（註：台灣地震頻繁，建議層架上的盆栽都要加強固定以免墜落。）

3　為群組選擇植物時，要基於有趣的質感和視覺深度，而非僅僅使用單一類型。

4　盡可能選擇需水量稍低的植物，因為每隔幾天就得澆水，有點麻煩。而且面對現實吧：枯死的植物無法創造出你夢想中的室內叢林。黃金葛、絲葦、毬蘭和愛之蔓都非常適合混搭，而且附加價值就是懸垂型態都很美麗。

想使較大植株在視覺上更完整，並且營造比例感，可以在床頭櫃上的群組裡加入較小的植株，看起來會很棒，比如照片裡尼克·賽蒙尼的家（詳情請參見第222頁）。

造型重點

• 這座床頭櫃上混搭了懸垂和直立植株,使形狀變化更豐富,增加視覺趣味。

• 小型植物立架非常適合這類小空間。床頭燈下方陶瓷容器裡的空氣鳳梨看起來就很精致。

造型重點

在寬敞的起居空間裡，使用幾棵葉片各有千秋的成熟植株能夠創造出紋理美妙的叢林氛圍。再混合豐盈的懸垂植物，如照片中位於倫敦的克萊普頓街車攝影工作室，形成從地板到天花板的層疊綠意。

客廳

　　我們在客廳聚會、社交、飲食、放鬆或單純地坐臥，通常大部分時間都在這裡度過，所以更應該放手在這裡實現你的室內叢林願望！若是有時間，而且想認真打造綠意蔥籠的室內空間，通常房子裡占地較大的客廳就是最適合執行這項計劃的地方。假使客廳比較小，就可以在閒置的角落裡放一株雕塑般的植物，例如天堂鳥成株或富有視覺張力的龍血樹，避免犧牲太多寶貴的地面空間。大株亞里垂榕是另一款適合明亮角落的植物，也能成為令人眼睛一亮的客廳視覺焦點。若是過多成熟植株會讓室內空間過於擁擠（或是為了搭配較大植株），你可以將多種小型植物群組在咖啡桌和架子上。用綠意使大型家具變得柔和，能夠遮蔽房間裡某些較不美觀的元素，例如電視。

　　在選擇視覺焦點或特色植物時，健康、茂盛的植株看起來最令人印象深刻。正如俗話所說，要做就要像樣，否則乾脆別做！龜背芋或琴葉蔓綠絨富圖案感的葉片能在簡單的背景襯托下脫穎而出。綠色葉片和白牆的對比真的很顯眼，那麼為什麼不乾脆將牆面塗上大膽的綠色油漆，使叢林效果更上一層樓呢？試著將特色植物放在單純的角落，給視覺留下呼吸空間，植株就可以真正亮眼。你肯定希望這些大型植物能保持最佳狀態，所以要規律地擦拭它們的葉子，因為它們跟家具一樣會累積灰塵。另一個非常適合客廳的重點植株是黃金葛，你可以輔助它們覆蓋牆面。在合適的條件下，快速生長的爬藤植物會迅速蔓延，將枝條固定在牆面上時最好用小的可拆卸透明掛鉤，使掛鉤隱藏在葉片下，創造出令人難以置信、生機盎然的綠牆。

在打造植物群組時，請將最大的植物放在後面，然後分層次將中型和小型植物置於前方。你可以借助植物架創造出不同的植栽高度。嘗試組合不同葉片尺寸和紋理，在較深色的葉叢之間添加亮眼的淺綠色，並且加入圖案有趣的葉片和斑葉植物。使用較多的直立式植物，因為爬藤植物放在地面的效果不好，任何太寬的植株在群組中都會顯得太笨重。植株與植株之間的葉片不要彼此緊貼著，植物距離雖近，但仍然要有呼吸的空間。由於植株們距離相近，會在群組周圍創造微型氣候，增加濕度之外也方便澆水！

造型重點

我們最喜歡的幾種可以獨立展示的客廳植物包括印度橡膠樹、龜背芋和海棗。位於柏林的這戶光線充足的公寓裡全用上了這些植物，創造美不勝收的視覺效果（更多資訊在第 132 頁）。

廚房

談到打造室內叢林，廚房可能不是你第一個想到的場所。但是在很多情況下，植物可以在廚房製造出不可思議的效果。如果你很幸運擁有一間陽光充足的廚房，種幾盆香草會是個好主意，做菜時便有近在咫尺的香料可以採摘入菜。我們種的香料包括龍蒿（非常適合烤雞）、歐芹（可以灑在幾乎任何菜餚上）、羅勒（在溫暖的月分裡長得最好，非常適合披薩）、百里香（湯品）和薄荷（使沙拉和冷飲更清爽）。其他美味的香草包括蒔蘿、奧勒岡、檸檬香茅、細香蔥、芫荽、紫蘇和細葉香芹。自從廚房種了這些香草之後，我們便不再買超市的香草了。

如果熱帶植物很適合你的廚房，可以考慮不會佔用寶貴流理台空間的風格植物，像是坐落地面、高大纖瘦的樹種或窗台上的小盆栽。懸掛在天花板上的植物也可以節省空間。蘆薈是廚房裡的妙用植物，因為它含有的凝膠可以舒緩和冷卻廚房小意外中可能導致的燒傷。對了，還可以嘗試趣味水耕：將酪梨種子或整顆地瓜（但是要確保它們沒被噴灑抑制發芽的藥劑）放到水瓶裡發芽如何？大自然真的很神奇，每天早上泡茶的時候檢視這些種子，觀察它們的成長過程是件很特別的事情。

需要注意的幾點：

1 植物必須遠離烤箱和爐灶的高溫，因為它們不喜歡劇烈的溫度變化或被燒傷！

2 讓化學清潔劑遠離任何你打算食用的植物。

3 避免種植過大的植物。廚房裡的空間通常很寶貴；當你端著當天晚餐的燉菜時，肯定不希望手臂撞倒任何東西。

造型重點

• 小廚房裡的空間寸土寸金，懸掛式植栽能夠在不佔用座位空間的狀況下引入綠意。

• 以小盆栽充分利用明亮的窗台。這個空間非常適合擺放烹調用香草，做菜時可以就近利用。

浴室

在浴室裡擺設植物有兩個好處：靠近水源，以及淋浴和泡澡製造出的較高濕度。喜愛水分或濕氣的植物例如蕨類、蘭花和吊蘭能在這個環境下表現良好。需要注意的一件事是，過熱的淋浴蒸氣可能會對一些脆弱或敏感的葉片造成損害，所以最好選擇較堅韌的品種，例如長葉腎蕨較能適應劇烈的溫度變化。住在浴室裡的植物其實也需要充足的通風，應避免土壤或葉片長期過於潮濕，提高發生真菌和黴菌病害的機率。

基於隱私考量，浴室往往是室內光線較暗的空間，因此必須考慮使用較耐陰的植物，例如毬蘭或黃金葛。如果你很幸運地擁有一間光線美麗的浴室，也許有天窗或位於高處的窗戶，利用這塊空間繁殖植物就是個有趣的功能，在不佔用太多空間的情況下打造漂亮的繁殖基地。你需要一系列乾淨的小玻璃花苞狀花瓶，整齊地放在窗台或小架子上。從現有的植物中剪下乾淨的插條放入水中，確保沒有葉子泡在水面以下。這些插條應該會在幾週內生根，此時你可以讓它們繼續在瓶裡生長或栽入新盆，加入原有的植物群裡。

套房的小浴室可以使用更嬌小的綠色植物和利用現有元素展示植物。在空間有限時，使用吸在瓷磚上的浴簾滑軌或掛鉤懸掛植物，是綠化浴室的美麗手法。鹿角蕨、蘭花和其他附生植物（也就是依附在其他植物或表面上生長，並自植物碎屑、空氣和水獲取營養，而非土壤）都是絕佳的選擇。租屋者若想掩飾老氣浴室內部裝潢，或某些不太吸引人的浴室設備，擺放植物就可以改變氣氛。水箱上的懸垂植物或平淡無奇的梳妝台上點綴一小盆綠意就足夠轉移焦點。

辦公空間

　　我們的人生有很大一部分在工作，如果工作空間不能激發靈感、缺乏美感，那麼很可能會讓我們毫無動力。幸好許多雇主已經體認到美麗的工作空間可以影響創造力、生產力和員工士氣，植物絕對可以發揮重要作用。一項英國研究（發表在《實驗心理學雜誌：2014 年的應用》中）發現，工作場所有了植物，生產力就能提高 15%。其他研究證明了植物與提高幸福感和增強自尊心之間有關連。

　　在視覺上，植物不但為工作場所帶來生機和色彩，還提供幾乎媲美冥想的經驗，使員工們更快樂、更健康。親自然設計（biophilic design）領域探討的是人類在建築內與自然環境保持聯繫的重要性。人們公認綠色辦公空間能夠誘發生理反應，例如增強大腦活動和降低壓力荷爾蒙。

　　可悲的是，並非我們所有人都能幸運地在充滿綠色植物、寬廣如倉庫的敞亮大辦公室裡工作。通常許多辦公室缺乏自然光和新鮮空氣（植物最喜歡的兩件事），被帶進辦公室內的植物們最後也會看起來非常悲傷。幸好，有些植物仍然可以在這類不太理想的條件當中生存，使你的工作環境更愉快。荷威椰子、美鐵芋、虎尾蘭、白鶴芋和黃金葛都是辦公環境的上上之選，它們能容忍低光照條件，並能存活於稍微疏於照顧的情況。如果你的辦公環境更適合植物、光線充足、通風良好，不妨嘗試更多樣化的品種，如毬蘭、蕨類、大理石皇后黃金葛、或值得信賴的龜背芋，給所有來訪的客戶留下深刻印象。

　　將大型植物分散在辦公空間中，能讓空間變得更有趣，整天盯著電腦螢幕的員工們也能藉著欣賞植物讓眼睛休息。植物還能用於屏蔽或劃分辦公區域，為會議室和休息區提供視覺效果豐富的隱私性。在倉庫空間中，利用橫樑懸掛植物可以創造強大的視覺焦點，而不會佔用有限的桌面空間。若是桌面有空間放置植物，較小的虎尾蘭和吊蘭即使在日光燈下也能茁壯成長。為了方便員工澆水，最好選擇有排水孔和水碟的容器。

養護重點

準備一份澆水備忘錄，以免植物被忽視（或澆水過多！）。定期檢查植物和釐清外在因素，比如過強的空調使植物迅速變乾。

靈感來自摩洛哥的庭院是 La Porte Deux 公司在雪梨的聯合辦公空間。他們用巨大的鄉村風味花盆，在城市中打造出一座名副其實的綠洲，擺滿龍舌蘭、天堂鳥和檸檬樹。藤製戶外家具使整個空間更完整，並將所有元素串聯在一起。

室外空間

對於我們這些住在公寓裡的人來說，陽台和中庭可以視為室內空間的延伸，也可以說是在室外的房間。在這些空間裡種植物，不僅能美化從屋內向外看的景觀、遮蔽周遭建築物，更能使住客益發享受空間。植物能使空間變得柔和，綠意蔥籠的陽台遠比被水泥圍繞的磚面空間更令人放鬆。無論這塊區域是有遮棚或是開放，都有多種植物能夠滿足你的空間。

開放式中庭或陽台非常適合某些喜愛陽光的美麗植物。例如，九重葛和紫藤在充足的陽光下生長非常出色，以棚架或鐵絲架輔助它們，看起來會美不勝收。仙人掌和多肉植物是全日照位置的另一個絕佳選擇，它們大多能快樂地吸收寶貴的陽光。若想打造以棕櫚泉市（美國南加州渡假勝地）為靈感的場景，可以栽種龍舌蘭、大戟、仙人柱或景天科植物（參見第 120 頁，派拉蒙休閒俱樂部 Paramount Recreation Club 的屋頂花園）。另外還有很多常做為室內植物的類型其實也能夠開心接受陽光比較充足的環境，例如天堂鳥；你也可以在冬天將一些室內植物移到陽光較充足的地方，以確保它們在室內較暗的月分當中接收到足夠的光線進行光合作用。

可食用植物也喜歡戶外陽光充足的位置，所以何不用香草和小型蔬菜創造你自己的廚房香草盆栽園？盆栽柑橘類，從常見的檸檬或萊姆到更具異國情調的柑橘植物，例如佛手柑，栽種在大型盆器格外美觀。矮種也非常適合較小的空間。如果三色菫和萬壽菊等可食用花卉令你心癢難耐，也可以為陽台添加亮眼的顏色。在陽台或庭院中種植充滿香氣的植物也是很美妙的花園特色；薰衣草使人聯想到法國南部，茉莉花則能將你直送東南亞街頭。

在雪梨的派拉蒙休閒俱樂部，適合戶外條件的多肉植物和仙人掌賦予屋頂彷彿置身棕櫚泉市的景觀。

室外盆器一定要選比室內盆器還耐用的，能夠耐雨和日照的材質，並且有良好的排水功能。放在室外的盆栽通常不需要水盤，因為水通常可以流入下水道，但是最好用篩網蓋住花盆的排水孔，避免澆水時的土壤流失。

放置在戶外的植物肯定較容易暴露在日照和風雨中，所以要小心這些自然因素灼傷或吹裂葉片。對待室外植物就像室內植物，要選擇能夠在特定環境條件下茁壯成長的植物。

有頂棚的陽台能在惡劣的天候中提供良好的遮蔽，成為許多植物的完美家園。陽台可能是家中最明亮的區域之一，因此是打造叢林的理想地點。垂直式花園也越來越受歡迎；對無法在牆壁上裝釘東西的人來說，戶外層架和室內層架同樣可以讓小型植物發揮強烈的視覺效果。用較大的特色盆器種棕櫚、姑婆芋和蔓綠絨，形成有力的背景植物，前方再混搭秋海棠、紫露草和玉簪，增添圖案和顏色。利用戶外家具放置植物，或安裝掛鉤懸掛漂亮的懸垂式植物，例如長葉腎蕨或愛之蔓。

造型重點

用植物為市中心公寓阻隔來自交通和鄰居的噪音，綠意一路延伸到有頂棚的陽台。如同設計師喬諾‧佛萊明，你可以用大株姑婆芋、蔓綠絨和一排多肉盆栽設計出自己理想的景觀。（有關更多他綠意盎然的都市叢林，請見第 178 頁。）

打造
植感叢林

從狂野、蔓生不羈的改造倉庫到極簡裝飾的公寓，我們在這章裡要看看植物們如何與所處的空間互動。讓我們一窺世界各地植物愛好者的住家和工作場所，從中汲取寶貴的室內叢林靈感。這些室內園丁的熱情和付出深深吸引我們，他們對植物的愛和經驗提供了不可多得的見解，能讓你知道如何培育一座自己的叢林天堂。

植感工作室大改造

巴薩姆與他的愛犬傑克

英國倫敦

　　這座風格獨具的倉庫曾經是維多利亞時代的公共馬車總站，如今搖身一變成為東倫敦綠意蔥籠的攝影工作室。之所以說綠意蔥籠，是因為裡面真的擺滿了綠色植物。漆成白色的磚作結構、圖像式的水泥地板和裸露的橫梁，是眾多植物完美的背景，綠意填滿了這個美麗明亮的空間。這個令人難以置信的歷史遺址叫做「克萊普頓街車站 Clapton Tram」，經由各種會展和攝影活動重獲新生。誰不想置身在美麗的葉叢之中呢？約翰‧巴薩姆和帥勁十足的邊境牧羊犬傑克是這個空間的守護者，負責維持植感叢林的活力。約翰成功的關鍵在於選擇易於照護的觀葉植物，例如龜背芋和吊蘭，避免不太適應該空間的多肉植物。為那些懸垂植物澆水的秘訣是什麼呢？當然就是許多的梯子！

綠上加綠還要更綠，是約翰工作室的絕對
準則，美麗的橄欖色沙發四周環繞著旺盛
的龜背芋、波士頓腎蕨、吊蘭和黃金葛。

約翰充分利用空間，將植物懸掛在裸露的
梁柱上，吸引我們的視線移往上方，在窗
戶周邊營造出美妙的綠色帷幕。

造型重點

• 對比強烈的綠意絕對可以從白色牆面背景躍入眼簾,但是我們何不大膽一點,在某些區域刷上綠色油漆?植物的綠襯著不同深淺的綠底,可以製造出非常有力的視覺效果。

• 用大型重點植物圍繞,打造出綠意盎然的角落。這裡的棕櫚樹完美地烘托出令人驚豔的藤椅。

有如置身植物園的公寓

時裝設計師提姆・拉本達與伴侶漢尼斯・克勞斯

德國柏林

　　忘掉極簡主義吧！對德國時裝設計師提姆和伴侶漢尼斯來說，家必須舒適宜居，但是並不代表它就不能費心裝飾。他們和黑色貴賓狗普丁一同居住的柏林公寓正反映出他們融合在一起的個性和美學。公寓裡擺飾著復古家具和多年來收集的物件，但是也許最重要的是植物：它們的確是公寓主人的心血。大窗戶提供美不勝收的植物們完美的光照條件；龜背芋成株、蔓綠絨和棕櫚樹生長旺盛，屋主選擇它們的原因是韌性、豐富性、並且塑造出實實在在的叢林氛圍。這些完美的植株品種是兩位主人在跨越德國的旅程中採購回來的，所以每一株都有獨特的美麗背景故事。閃耀在這座公寓裡的是不做作的個性，營造出既輕鬆又豐饒的植感叢林。

提姆和漢尼斯精心收集的美麗老件和設計師產品完美地與盆栽及繁殖水瓶擺在一起。

你們對植物的熱愛源於何處?

我認為這都得怪菲比・費洛 Phoebe Philo。她是時尚品牌思琳 Celine 的前任創意總監,在店頭設計裡融入了大量植物元素。打從我第一次參觀她的店面時,便深深愛上了周圍充滿植物的想法,於是便開始收集植物。

你是如何學到保持植物美麗健康的方法?

我基本上是透過和植物一同生活而學到的。每種植物都需要不同的對待方式,有些植物比其他更需要照顧。我認為整體說來,充足的日照和謹慎澆水絕對是正確的做法。最好的辦法是傾聽它們的需求,並且依照每一棵植物的喜好對待它。

你為何認為將植物帶進空間裡很重要?

植物能使每個空間變得溫馨宜人。我喜歡在空間裡創造熱帶的東方氛圍。我們的植物看起來超級豐盈華麗,我非常喜歡這一點;它們賦予其它室內物件更好的光線效果和布景。

對植物的喜愛是否影響了你的創作?

有的時候。我曾經設計過一個系列,是取材自馬蒂斯風格的剪紙,主題就是龜背芋葉片。

除了服裝設計,你很顯然地對室內裝潢也很有興趣。請和我們聊聊你的風格/美學。

我認為室內裝潢要有生活感,以隨興又好客的手法表現出來。我不喜歡那種看起來過於乾淨整齊,彷彿不允許人坐下來的地方。這就是為什麼我把我們的公寓設計成明亮、色彩繽紛、充滿植物的空間。我真的很喜歡波西米亞風,一千零一夜加上洛杉磯馬蒙城堡 Chateau Marmont 的美學!我擁有的植物大多是碩大而且華麗的,因為我認為一棵大葉子的植株看起來勝過一大堆迷你盆栽。這也就是為什麼我有許多棕櫚樹、龜背芋和蔓綠絨,包括一株大的佛手蔓綠絨和白花天堂鳥。

有著大葉片的大型成熟植株，
讓這座柏林公寓的挑高天花板
和大角窗顯得更加宏偉。

「我認為室內裝潢要有生活感，……這就是為什麼我把我們的公寓設計成明亮、色彩繽紛、充滿植物的空間。」

對於將綠意帶進空間裡，你的首要秘訣是？

一面深色的牆能讓你的綠色植物像火花一樣發光！我認為所有的綠色植物在較深的顏色前都會令人眼睛一亮。

你如何選擇加入陣容的新植物？花了多久時間打造你的叢林？

我已經花了大約四年的時間。最早是從一株龜背芋開始，向一位老太太買的。當時這棵龜背芋已經有二十歲了，狀況非常好，基因驚人。她繁衍出好多小苗，我們的整座公寓裡或多或少都有她的後代。我選擇其他植物的著眼點是葉片和尺寸，我非常喜歡它們各種各樣的葉片形狀和深淺不一的綠色。

你從哪裡得到服裝和室內叢林的設計靈感？

基本上在大自然和我的旅行中。我很喜歡探索新的地方、城市、溫室和植物園。我認為靈感俯拾即是；你只需要睜大眼睛觀察！

大型植株是提姆和漢尼斯這座叢林的基礎，較小的植株點綴著層架，柔和空間之餘還形成頗具風味的小景致。

造型重點

• 深色的牆壁是葉片大膽而且戲劇性的背景。混搭不同顏色和圖案的葉片，更增空間深度，提高視覺趣味。

• 想增加綠葉的視覺效果，卻又不用多照顧活生生的植物，就可以使用裝飾性的植物元素和藝術作品。

在家打造植物伊甸園

園藝家 珍‧蘿絲‧洛伊

澳洲墨爾本

珍‧蘿絲‧洛伊是名符其實的植物狂熱分子，連血管裡流的都是葉綠素，深深啟發了我們。她是園藝家、繁殖人、研究者和痴迷的植物收藏家及教育家，住在墨爾本東邊的丹德農山脈山腳下，在家裡打造出最引人入勝的植物伊甸園。細心種植室內植物是她的熱情所在，幫助人們理解植物、欣賞人類、植物和空間之間微妙的互動也是她的愛好。她對植物的知識有如豐富的源泉，住家和溫室也表現出她的痴迷。從外面看，珍的屋子就像一棟普通的澳洲六〇年代建築，但是這顆城郊的寶石有著壯觀的大窗戶和大把灑下的自然光，使它成為怪奇室內植物最完美的居所，這些令人嫉羨的植物數量通常在一百五十到兩百株之間！

角落的架子就像完美的舞台，
負責展示稀有的美麗藏品，同
時也鄰近寬闊的大窗戶，確保
喜歡光線的植物們能有個明亮
的環境。

請跟我們聊聊妳自己⋯⋯

我出生在熱帶氣候的昆士蘭，而且經常納悶自己的 DNA 是否在出生時被植物以某種方式改變或影響了。我在很小的時候搬到墨爾本，在墨爾本市內以及附近充滿綠地的北部郊區由了不起的媽媽拉拔長大；我所知道的事情幾乎都是她的教導，包括努力才能達到自己想要的目標。就像我媽媽，我是個閒不住的人，總是在做跟植物有關的事情，無論是上班或假日。我每天都和不可思議、引人入勝的植物相處，包括培育和照顧它們、將它們寄送到期待著它們的新主人手上，或者鑽研和傳授關於它們的各種細節和環境適應方式。但最重要的是與它們為伍可以說是地球上最有收穫和最令人滿足的職業之一。我鮮少請假，在休假的日子裡會奢侈地滿足自己對戶外植物的渴望，比如到松樹種植園、原生硬葉林、植物園和溫室或國家公園裡探險。

妳是園藝家和不折不扣的植物愛好者。妳對植物的愛是從哪來的？

我的血液裡流著葉綠素；我想我有一部分是植物！我小的時候大部分時間都在阿嬤的花園裡度過，並且在那裡培養出對植物和泥土的熱情。長大後，媽媽會在每個住過的家裡打造一座花園，她喜歡種蘭花。我還記得前門和後門都有大盆的蕙蘭，幾乎每年開花；文心蘭一直以來都是她最喜歡的切花。爺爺查理愛他的花園勝過一切，桃樹是他的驕傲和快樂，而爸爸有最美麗的木麻黃，它們和房子一樣高，上面還掛著松蘿。我仔細想想，發現自從有記憶以來，植物就一直在我家佔有重要地位。我們都以某種方式與植物聯繫在一起；都喜歡把手放在泥土裡、都喜歡澳洲灌木。我們生長在這片大地，打心底珍惜並欣賞它。幫助人們記住和找回這種聯繫，是我工作中最有價值的面向之一。

妳對自己在心理方面的掙扎十分坦然。妳認為植物對生理和心理健康有正面影響嗎？

如果有海報宣傳植物與心理健康的正面關聯，我將會很樂意當代言人，並且十分願意談論這個話題。我這輩子長久以來有心理方面的問題，也知道自己永遠無法完全擺脫它們，真正救贖我的便是植物。它們幫助我了解人生目的，大概這一輩子都會樂衷於此事。如今不但有數不清的研究證明植物可以為人類健康和福祉帶來正面影響，我輕輕鬆鬆地就能寫出一本書，集結了多年來許多與我有類似經驗的人們的心路歷程；這些人同樣喜愛收集植物，或者工作跟植物有關，全都在培養綠手指的路上改善了自己的生活。這五年來我嘗試了不同的治療方法和諮詢，其中最長期而且有效的治療還是植物。對我來說，植物非常神奇！

珍對植物的痴迷在此一覽無
遺。每個平面和窗簾滑軌上
都有植物，每天早上醒來就
能看見最美麗的綠色景觀，
當然也就不需要裝窗簾啦！

在周圍種植物讓我覺得安全和舒服，它們讓房子有家的感覺。電視機開著的時候，看見的是植物；睡覺時，耳中聽見的也是植物。當你看見新生的葉片就在自己眼前茁壯，知道所有無微不至的照顧、澆灌和甜蜜的悄悄話都不是白費工夫，那種感覺難以形容，又格外令人有成就感。

與植物一起生活工作，最能啓發妳的是哪一方面？

植物每天都以多種方式啟發我。我喜歡探索它們對環境的容忍度。我從無可計數的研究時光中學到一件事：植物無止盡的適應力是我認為最啟發人心的一點。植物為了成長而被迫不斷適應逆境和變化；在這一點上，人類其實就像植物。

我們很羨慕妳奇特又美妙的收藏。請問妳現在有多少株植物？讓它們保持快樂健康的照護工作多不多？

我無法百分之百確定有多少植物，因為它們總是來來去去，但是我自己的大約有一百五十到兩百棵左右。我的工作是為公司行號種植和選購植物，並把奇怪的植株留給自己，我也會培養一些特別的植株來分株和繁殖。我還替朋友們急救植物，照顧一些私人收藏，以及特約為某些特殊人士培養植株。不過，我還是免不了會養死植物！我最喜歡的就是以它們為鏡。照顧這些植物確實是一份全職工作，有時也的確感覺像工作（可能因為它真的是我的工作）。但對我來說，大部分時候是免費的心理治療。當我把一株新植物帶回家時，會先請它喝水拉近距離，試著了解它，釐清應該把它放在哪個位置。每個星期，我會分數次花上幾個小時檢查再檢查、將手指插進土壤裡測水分、給植物澆水和施肥。我常常和它們說話，並確保每星期至少放一次古典音樂給它們聽，我想提供它們好的氣場，讓一切截然不同。

從毬蘭、拎樹藤到黑絲絨觀音
蓮，珍溫柔地照護著她的植物
寶寶們。

造型重點

• 植物非常適合用
來掩飾住家或工作場
所裡比較不美麗的設
施。在水箱上放一棵
波士頓腎蕨（適合
浴室的絕佳喜濕植
物），你的目光會立
刻被美麗的綠意吸
引。

古董傢俬與植物的完美混搭

古物網站總監 傑米‧宋與愛貓拉拉

英國倫敦

　　傑米‧宋的家改建自 1902 年的液壓泵站，他有兩位事業夥伴、小貓拉拉和一百多株出色的室內植物。這個多功能空間的用途包括藝廊、工作區和倉庫。優美的內部特色是白磚、金屬橫樑和高高的天花板，最顯眼的特點之一是巨大的天窗。寬敞的倉庫充滿自然光，更加凸顯建築本身的時代特徵，並提供了完美的生長環境，使室內植物快樂茁壯。自從 2013 年搬進這個地方以來，傑米一直在打造他的理想環境，收集了大量的綠色植物。傑米認為植物們不僅僅是裝飾元素，而是「大自然的藝術作品」。他將它們融入居家裝飾，伴隨他經營的老件藝廊事業中的創作藝術品。

　　經年累月打造出這樣的叢林是一條很漫長的學習曲線；這場持續進行的實驗是為了發現能茁壯成長（以及無法茁壯成長的）的品項，並且已經成為傑米的痴迷。當他意識到自己對室內植物的熱愛已經一發不可收拾，便將這場探索之旅發表在他的 Instagram 上；目前 @jamies_jungle 已經有了許多愛植物的忠實粉絲，超過 33 萬人追蹤他的帳號。

白磚牆面為傑米的藝品和植物收藏提供完美的背景。這裡的絲葦、銀色葉片和綻放中的蘭花為空間帶來生命力及能量。

你將自己描述成「現代波希米亞世界裡的植物囤積人」，請問你對植物的熱愛和痴迷源自何處？

> 我在二十多歲的時候多次訪問峇里島，深深愛上了當地不可思議的自然環境和熱帶植物。我小的時候住在台北市區，和許多城市人一樣，覺得大自然從生活中被剝奪了。剛搬到倫敦時，我住在一棟四周都是磚牆的公寓裡，景色並不美妙，還擋住了倫敦微弱的陽光。有了這次經驗，我後來便選擇了這棟在倫敦東南部的房子，因為它有美妙的採光，視野遠遠超過鄰居的圍牆。我回想那幾趟啟發眼界的峇里島之行，便開始收集熱帶植物，一路到如今。

你如何學到讓植物這麼漂亮健康？有沒有什麼照顧植物的秘方？

> 我在 Instagram 上的許多追蹤者都會問這個問題。我能給的第一條建議是找到適合住所氣候、空間和任何特殊要求的植物。在適合的地方養適合的植物是關鍵。例如倫敦緯度較高，光照有限，通常不適合生長在沙漠中的植物。我的房子非常幸運地有一扇大天窗，所以我小心翼翼地經過大量實驗，選擇能在這個特定環境茁壯成長的植物。在冬天最黑暗的幾個星期裡，我會在植物上方點亮冷白色燈泡，幫助它們度過漫長黑暗的日子。

小貓拉拉如何和植物們共處？

> 我們在拉拉九歲時從停車場裡把她救出來。你非常容易就愛上拉拉，因為她十分親人，討人喜歡。奇怪的是，拉拉從來沒對任何一株植物感興趣或觸碰它們。Instagram 上始終在討論這個話題，因為很多養貓人都努力地讓毛孩遠離植物。拉拉是我生活和叢林的一部分，我的許多 Instagram 貼文裡都有她。由於很多人想看她，我們就給她開了一個 Instagram 帳號：@LaLaSongCat。

請談談你的審美觀，以及它與你的室內叢林之間的關聯？

> 作為古董藝術品和老件經銷商，我經常光顧全歐洲許多跳蚤市場和其他藝品來源地。我不斷物色老式藤條植物架、小凳子和陶瓷套盆來展示植物。我喜歡混搭許多花盆。

傑米用小鉤子將黃金葛藤蔓固定在牆上，創造出充滿生機和戲劇性、隨著生長會不斷變化的牆面。發表在他的 Instagram 上頗受好評。

你認為將綠色植物帶進居家空間的重要性爲何？

我喜歡室內植物的原因有很多。作為都市人，我們生活、通勤和工作的環境中能夠接觸到的大自然極為有限。在生活空間裡種植綠色植物除了提供我們與大自然的聯繫之外，也能天天提醒我們保護環境的重要性。從裝飾的角度來看，室內植物是能豐富生活空間，價格卻又合理的物件。你可以藉著混搭各種尺寸和顏色的新式和老件盆器，在屋裡創造許多有趣的焦點。將植物懸掛在天花板上和使用不同高度的植物立架，能增加視覺趣味。此外，照顧植物還具有療癒作用。有些人喜歡打坐冥想，我則選擇照顧我的植物，得到相同的有益效果。

你的室內植物收藏華麗多姿，令人羨慕。請問你是如何選擇要納入陣容的新植株？

我選擇植物的首要標準是顏色，著重在不需要太多陽光、獨具特色的品種，而不是盲從趕時髦。我大約在 6 年前開始收藏植物，葉片有別於一般綠色，而是其他鮮豔顏色的總是能引起我的興趣，現在生活空間裡已經有將近一百棵盆栽了。

懸吊式植物在你的空間中是一大重點，你對打造和照顧空中叢林有什麼建議？

我會買又大又輕的水果盆，自己做懸掛式花盆。爬上梯子直接從頂部替能夠容忍少許積水的植物澆水。其他則裝在柳條籃裡，在籃子底部切一個洞。這代表我必須先將它們拿下來，澆完水之後，先排乾積水再重新掛回去，雖然繁瑣但非常值得。

你最喜歡造訪何處尋找室內叢林的靈感？

我經常光顧東倫敦的植物商店和批發花卉市場。這些地方的各種植物就能給我靈感，決定納入陣容的新植株。

造型重點

• 讓攀附黃金葛的牆面創造
出令人印象深刻的自我風格。
我們也喜歡傑米大玩尺寸遊
戲，用比較細緻的蝴蝶蘭盆
栽與之搭配。

▶ 為懸垂式植物澆水確
實需要多花點工夫，但
是它們在空間中製造的
視覺效果十分值得。

自然蔓生的狂野創意

金屬藝術家伊娃‧魯瑟瑪與她的兩隻喵喵

荷蘭阿姆斯特丹

　　植物在伊娃‧魯瑟瑪於荷蘭農村的成長過程中扮演了重要的角色。這就解釋了她在過去十八年間居住的阿姆斯特丹公寓中為何滿眼綠意。她目前和兩隻貓：珊娜及和普巴一起生活在這間充滿植物的公寓裡。她的植感風格狂野自然，沒有任何規定或準則，放手讓植物們各行其是。公寓西面的日照最多，所以大多數植物放在這裡。「我會在光源最充足的位置塞滿植物，這個區塊會用來孕育幼苗、扦插和播種，這一類實驗的成功與否永遠無法預料，一旦成功就會讓人超有成就感。」由於空間有限，伊娃只得不斷將植物送給朋友們，以騰出更多空間，這就是重度植物上癮者的循環！

當你看見伊娃的公寓內部時，
腦中絕對會浮現「詩意」這個
形容詞。這位藝術家讓她的植
物有機地生長，賦予她的生活
空間真實而溫馨的氛圍。

跟我們聊聊妳自己吧……

我生長在一個被農場和田野包圍的小村莊裡。我們擁有一座大花園，裡面有棵巨大的接骨木樹，還有在我出生時種下的小蘋果樹。園裡的雞群也讓我印象特別深刻。後來搬到一座小城市，我離家後四處遷徙，最後定居在阿姆斯特丹。我在這個城市住了大約二十五年，其中十八年就住在現在的公寓，同住的還有兩隻貓珊娜和普巴。

創造力在我的生命中扮演了重要的角色，透過畫畫、拼貼畫、用我能夠找到的各種東西創作（從岩石和生鏽的自行車零件到死昆蟲和乾花，還有其他許許多多……）。過去幾年中，我開始使用金屬。金屬是用途廣泛的材料，開闢了許多新的可能性，特別是與其他材料結合使用時。

妳對植物的愛，對妳的金屬藝術家身分有什麼影響嗎？

我目前從事全方位的金屬工藝，合作夥伴的事業位於荷托根博斯（Hertogenbosch，位於荷蘭南部）。創造力在這份工作裡非常有用，我們做的事包括各個面向，從修復物件到製造家具，還有更大的物件，例如樓梯、大門和外牆，和我們最近製作的小珠寶架有著天差地別。我讓合夥人處理沉重的物件，因為他也做傳統的鍛造工藝。從外表看起來，這和我生活中「綠色」的一面大不相同，可是我個人的創作的確是從植物和花卉汲取靈感，我喜歡它們的形狀和結構。

為何生活在綠色植物之間對妳來說這麼重要？

我對植物的熱愛源於我小時候長大的地方，被綠色植物和鮮花包圍。而且我的父親總是忙著照顧室內植物或是在戶外收集種子，家裡有幾棵植物是他傳給我的，其中一盆取自一棵仙人掌（某人曾經說它是一種夜間開花的仙人柱。母株很巨大，所以我只剪下一條分枝），第一次看見那棵仙人掌開花，就是在我的窗台上！話雖如此，我並不特別偏好哪一棵，只想看到它們全都欣欣向榮。好吧，也許我確實比較喜歡自己種大的！所有的綠色植物對我來說都很重要，因為它們不用出聲就能讓我體會到平靜、成長和生命。它們沉默而恬靜，卻有一種持久的「存在」感。

有研究證明植物可以提高生產力，因此伊娃辦公桌上總有植物常駐，像是海芋、吊蘭和蘆薈組合，來提振精神。

「我對植物的熱愛源於我小時候長大的地方，被綠色植物和鮮花包圍。」

妳如何調整照顧植物的方法，幫助它們度過寒冷的冬天？

在冬天，當光線較少，室外天氣變冷時，我並不會改變它們習慣的照護方式。其中有一棵石榴會在冬天掉葉，每年春天長出新葉子。我有些植物就像這株，需要住在比較類似熱帶的家裡；所以在我家長得不太好……。

請描述一下妳的設計美學？

我的審美與「設計」沒有太大關係。相反地，我的美學相當有機，靈感來自任何有綠色植物的地方，包括公園、電視上的園藝節目、在城裡穿梭時看見的那些種滿植物的窗台。

我非常挑剔作品顏色和物件的擺放位置（金屬工作是以公釐計的），所以我非常清楚自己喜歡或不喜歡什麼，但是整件創作卻是隨興地自然而然形成。如同我讓植物們自行發展（我只是在一旁盡我所能提供它們最好的條件）。

伊娃的貓珊娜和普巴享受著種
滿植物的家裡有如叢林一般的
氛圍。

水泥叢林代表作

巴比肯溫室

英國倫敦

這座不平凡的叢林位在倫敦巴比肯藝術中心主要劇院上方，是一座粗野主義風格的混凝土建物，可說是名符其實的城市綠洲。但是也許正因為有冷酷的水泥對比，使這塊空間更顯特別。它是僅次於邱園的倫敦第二大溫室，鋼構和玻璃屋頂覆蓋了驚人的 2,137 平方公尺。它最初是由巴比肯藝術中心的建築師張伯倫、鮑威爾和本恩設計，為了隱藏了下面巨大的劇院舞台塔；如今這塊不可思議的地方收集了來自世界各地的兩千多種植物。該空間分為兩個廳：較大的廳裡是熱帶物種，如椰棗樹、龜背芋和咖啡；較小的收藏室叫做乾旱廳，裡面名符其實地收藏了令人歎為觀止的仙人掌和多肉植物。種植工作在 1980-1981 年間進行，1984 年正式對外開放。雖然大眾可以免費造訪這塊令人難以置信的綠色空間，卻有其限制。除非你有幸參加該空間內舉行的豪華活動，或是為了某一本室內植物書特准進入拍攝！

巴比肯溫室是一個巨大的空間，所以園丁也必須大手筆才能填滿它。巨大的龜背芋、香蕉樹和絲蘭都是這座令人難以置信的室內叢林的一員。

造型重點

• 琴葉榕扁平巨大如船槳的
葉片與後方叢櫚尖尖的扇形
葉片形成美麗的對比。我們
的眼睛不停在千變萬化的形
狀和質感之間跳躍。

▶ 巨大的龜背芋緊貼著
牆面，黃金葛從上方傾
瀉而下，鐵線蕨精緻的
弧度滑過鋼架扶手。兼
容並蓄的葉叢群組營造
出質感和深度。

黃金葛宮殿

室內設計師喬諾・弗萊明

澳洲雪梨

　　室內設計師喬諾・弗萊明的公寓坐落在雪梨滑鐵盧裡一棟獨特的綜合建築裡。這個建築區圍繞著中心的花園精心設計，感覺就像是市中心的綠洲。喬諾目前一個人住，從前有和室友一同合住這戶公寓。他的最後一位室友搬走時也帶走了原有的大株琴葉榕，但是黃金葛很快便進駐了。「我想念角落裡的綠意」喬諾說。柔和的自然光和定期澆水，使容易照顧的黃金葛在短短幾個月內就長得欣欣向榮。隨著枝葉越長越長，喬諾開始將它們固定在牆上，然後另一根又長長了；誰知道這株繁盛的植物會長到哪裡？除了室內的綠色植物，有頂棚的陽台將生活空間向外延伸，同樣填滿了奪目的葉片。由於沒有太多戶外景致，喬諾便決定自己創造，空間裡的植物構成了客廳和臥室裡滿目青翠的景致。

植物如何影響你的居家空間？身邊圍繞著植物對你來說有多重要？

住在雪梨市中心的公寓裡，代表我看不見什麼窗外景致。可是我一直想綠化室內和陽台，打造一座小型花園綠洲，成為就在家裡的景致。

你對植物的熱愛來自何處？

我從不認為自己有綠手指，但是隨著我的造型師經驗不斷累積，我能夠體認到植物的重要性，它能讓生活環境感覺像是融入了大自然元素。

你如何學習照顧植物幼苗呢？

其實是迫不得已，因為我意識到如果想欣賞美麗的植物外觀，就不得不好好照顧它們。我選擇不需要花太多精神和照護，卻仍然看起來綠意盎然的植物。

身為造型師，你最喜歡使用哪種手法將綠色植物融入空間？

放置大型綠色植物在室內空間中能產生強烈的影響。我認為並不需要填滿每個角落，但是當你不確定的時候，使用綠色植物絕不會錯。我喜歡在花瓶裡放一把植物，做為核心裝飾焦點。除了能節省買花的錢，還能傳達有力的訊息。

請描述一下你的植感風格。

目前的風格得取決於我的爬藤植物，有點像 1986 年的那部電影 Little Shop of Horrors《異形奇花》，完全由植物來主導掌控權。我尤其喜歡常春藤的蔓生特性所營造的氛圍，非常迷人。

說到盆器，你如何為植物挑選盆器？

我喜歡簡單但有個性的容器。手作花盆的背後都有自己的故事，紋理不用太複雜，卻能讓簡單的物體具有豐富的個性。

哪些地方給你帶來靈感？你曾經造訪過充滿植物的空間嗎？

最近去了馬拉喀什，在泥土路和繁忙、塵土飛揚的街道後方隱藏著生氣盎然、充滿綠意的熱帶空間，令我大開眼界。

喬諾在種滿植物的陽台上營造出完美的戶外空間。姑婆芋、各種多肉植物和有條紋的竹芋構成了這片美麗的綠洲，使他的客廳和臥室有一幅美麗的戶外景致。

造型重點

• 許多植物在水裡能長得和在土裡一樣好。玻璃容器除了能讓你欣賞葉片之外，還能看見生長茂盛的根系。

改造倉庫實現植感生活

室內設計師莉亞・哈德森－史密斯夫婦與愛犬班森

澳洲墨爾本

　　由於厭倦死板的租房限制住她想要的生活方式，室內設計師莉亞・哈德森 - 史密斯著手尋找替代方案。「作為一名設計師，我喜歡動手做和移動物體來嘗試各種想法，看看哪個結果最合適」，莉亞說。搜尋的結果就是這棟位於墨爾本室內北區令人驚豔的倉庫；如今已經被莉亞和伴侶瓦力改造為完美的生活和工作空間。

　　他們以非常有限的預算建造的「迷你屋」坐落在更大的倉庫裡，使他們能夠不斷隨心所欲調整內部空間，靈活地在每個季節以「實用又有趣」的手法改變住家功能。莉亞和瓦力為自己以及不斷擴大的家庭（兒子森尼在我們拍攝照片後一星期出世）創造了獨特的家，裡面裝滿植物，旅行帶回來的紀念品、織品和實驗性的手做家具。

　　大倉庫能容納許多有如藝術雕塑品的大型植物。成熟美麗的龜背芋、鵝掌柴和龍血樹在極簡風格的室內空間中顯得戲劇張力十足，旁邊是較小的鶴望蘭、蕨類和榕樹。「我想照自己想要的方式生活，而不是受限於連水管都不修理的爛房東！」，莉亞說。

莉亞偏好簡潔的設計和室內植物。
以白牆和淺色木材為主的內部裝飾
提供龍血樹、絲葦、龜背芋和白鶴
芋完美的背景。

你們的倉庫空間棒極了，請問植物對你們的家有何影響？

倉庫裡的植物就是我的良藥，照顧它們讓人放鬆、放慢過於忙碌的生活步調。它們除了具有淨化空氣的功能之外，與植物一起生活的好處還包括第一手的幸福感。我在城市生活和工作，從以前就試著每兩個週末以某種方式逃入大自然。但是漫長的工作時間和隨之而來不可避免的壓力，讓我意識到這麼做還不夠，於是便開始將植物帶進家裡的補救辦法，從此之後就回不去了！

妳如何選擇植物？

我習慣根據顏色和形狀選擇植物。我絕對不是植物怪咖，也沒辦法叫出它們的拉丁學名，只要它們組合起來視覺效果很棒，符合我的家居美學就行。盡量平衡植株的高度和密度，不斷移動植物在倉庫裡的位置以捕捉不同的光照，刺激新生。

妳對植物的喜愛出自何處？植物是妳童年經驗的一部分嗎？

我媽媽擁有出色的綠手指，小時候和媽媽一同探索了一些很棒的花園，爸爸一直對澳洲灌木林很感興趣，我在成長過程中和家人到澳洲內陸進行過多次露營壯遊。他們始終鼓勵我尊重並探索自然，仔細聆聽並細心觀察。

是何種靈感啟發你們在這棟出租倉庫裡打造「迷你屋」？

我厭倦了租用死板的地點，傳統的出租房子對我想要的生活方式來說太受限了，於是開始尋找替代方案。倉庫很有彈性，可以隨時更改內裝，而且跟著季節的變化會有明顯的不同，我們在冬天使用它的手法很不 樣，「迷你屋」真的有趣多了！既然我們住的就不是普通的房子，那麼何必蓋一間普通的房間？

莉亞在租來的倉庫裡自己打造了一戶「迷你屋」。迷你屋的設計特色和他們的植物收藏，為這個工業空間增添了溫度和舒適度。

身為室內設計師，妳會鼓勵客戶應用植物嗎？

是的，而且常常建議，我非常相信在建築環境融入大自然的效果。不過這是獨立的課題；假使客戶無意照顧植物，那麼提供植物便沒有意義。你需要了解當事人每天如何打理屬於自己的空間或進行日常事務，更何況還有自然光和通風的考量。最讓人沮喪的就是購物中心裡某個燈光昏暗的角落裡放著一堆看起來很悲傷的植物，顯然設計者只顧著畫平面圖，卻不真正考慮空間如何運作。

妳也做木工，為自己的品牌 BY.PONO 創作出美麗的作品。妳如何兼顧這個工作和室內設計師工作？

我真的很忙！只能利用晚上和周末時間，拿出木材做些實驗性商品。可是最近做的不多，因為肚子裡懷了小森尼，這是我多年來頭一次真的放慢腳步。我還蠻喜歡新的生活步調，所以木製品就先放到一邊吧！

鳥巢蕨光滑的綠葉完美地豐
富了莉亞家的中性色調。

造型重點

• 具有單色圖案的藝術品和精心佈置的綠色植物形成一幅吸引目光的小景致。植物能平衡和柔化空間裡較粗曠的部分。

• 植物能完美地搭配有機元素和中性色調，例如這些手編籃和帽子。

用植物打造
靜謐的室內風情畫

攝影師顏妮可·露兒西瑪

荷蘭阿姆斯特丹

如果你愛看 Instagram 上美麗的植物照片，或許就曾經滑到荷蘭攝影師顏妮可·露兒西瑪的作品；追蹤她 Instagram 帳號的十萬多人比較熟悉她的另一個名字 @still_____。她熱衷於觀察人與自然之間的關聯，鏡頭下靜謐的畫面捕捉被植物包圍的生活之美。她和丈夫、三個孩子和兩隻貓住在阿姆斯特丹一戶兩層樓公寓裡，客廳、廚房和臥室裡滿是植物，稱得上是室內綠洲。

對大自然日益增長的渴望，促使這位都市人把植物帶進家裡，也正好是她決定不再繼續生孩子的時期。從她最喜歡的龜背芋到斑葉橡膠樹，顏妮可的植物不僅僅是她攝影作品的主題和靈感，它們本身就是「不斷變化的有生命藝術作品」，顏妮可說。快樂、繁茂的植物給空間帶來平靜的感覺，顏妮可覺得能讓她感到既放鬆又舒適。雖然她的植物收藏已經很廣了，願望清單上總還是有一些特殊的植物。「就算只是在夢想中擴大我的小叢林陣容，就夠讓我開心了！」所以下一個目標？當然是尋找難以入手的斑葉龜背芋！

妳對植物的熱愛是近幾年才開始的，而且在很短的時間裡從自稱的黑手指轉變成植物媽媽。請問是什麼改變了妳？

生活在城市裡，我開始越來越渴望大自然。收集室內植物對我來說是一種解脫，因為它們可以撫慰心靈。我盡力讓它們保持健康和快樂，但也是經過多次反覆嘗試和失敗。有些植物能在我家茁壯成長，有些則過得不快樂，有時甚至死亡。最主要的課題是光和水的平衡。

植物對妳的空間有什麼影響？它們如何左右妳和家人欣賞它們的態度？

植物能營造輕鬆舒適的氛圍，身邊有植物是如此愉快的一件事。它們是活生生的藝術品，總是在變化，觀察它們是件有趣的事。我認為被室內植物包圍是健康的生活型態，但是你首先就必須提供它們所需的照顧。你不希望種植物成為一件苦差事。雖說從藝術角度看一株不快樂的植物可能還算有趣，可是也會令人感到壓力。

妳的攝影作品裡有大量的植物。請問它們如何啟發妳，又為何喜愛為它們拍照？

整體說來，大自然和生命的循環給我的工作帶來靈感。植物本身就是藝術品，我從來不厭倦它們的形狀、顏色和紋理。季節不斷變化，光線連帶地也在變化，每天都是不同的景致。生活本身就是一個神奇而美麗的奇蹟。

妳的風格和室內叢林之間有何關聯？

我喜歡收集各種顏色、紋理和形狀，但是也會先確定這株植物是否適合家裡的環境條件。剛開始使用的是多年來從舊貨店收集的大量老式花器，但最近傾向於使用簡單的陶盆，除了營造更平靜的氛圍之外，還留給植物本身最大空間，形成目光焦點。

請舉出幾種妳最喜歡的室內植物？

我非常喜歡龜背芋。我的龜背芋還沒長成成株，每當一片新生葉展開時，我都希望它有窗孔，但是目前還沒發生過。興奮的時刻隨時會到來！斑葉橡膠樹則是一場視覺盛宴。我喜歡仙女般的文竹，也喜歡鳥巢蕨、鹿角蕨和金黃水龍骨……。

完美柔和的光線除了讓顏妮可的攝影作品顯得特別
之外，也使她的植物處於最佳環境。這裡有一株琴葉
榕微微彎向窗戶，植物立架、置物櫃檯面擺滿各種秋
海棠、仙人掌、竹芋、虎尾蘭和鳳梨科植物。

「我傾向於使用簡單的陶盆，
營造更平靜的氛圍。」

妳有沒有想納入陣容的植物？

有。我很想在收藏中增加斑葉龜背芋，但是在這裡它們很不容易入手。我甚至沒親眼見到過真的植株，只在 Instagram 上看過！我的收藏裡也缺一株鯊魚劍，還有一株拖鞋蘭，但不要粉紫色的。「就算只是做夢擴大我的小叢林陣容，就夠讓我開心了！」

對於那些想著手將綠色植物帶進生活空間裡的讀者，妳有什麼風格建議嗎？

首先必須確定家裡的條件能配合入住植物的需求，所以在購買植物之前就要先研究。我喜歡將植物分組，因為它們似乎喜歡這樣的安排（跟濕度有關），我認為它們可以襯托出彼此的美感。結合不同尺寸、顏色、紋理、形狀和斑紋的葉片，創造出有趣的小風景。

妳從哪裡尋找到設計和專業、以及室內叢林的靈感？

最主要的靈感來自於藝術，我欣賞的藝術家包括梵谷、維梅爾和霍普。另外也會從室內植物和花園、植物園、樹林、海灘及山脈中找到靈感。還有人與大自然、四季更迭、光影流動，任何微小的事物、看似平凡的一切。

日漸陳舊的陶盆混合中性色調和不同紋理的盆器，形成了一幅簡單不做作的背景，讓顏妮可的植物們充分展現個性。

從牆面恣意奔放的綠意

園藝家湯瑪斯・丹寧

澳 洲 墨 爾 本

　　湯瑪斯童年時期照顧祖父母位於塔斯馬尼亞島美麗荒野中的菜園。這段記憶促使現在住在城市裡的他進入了園藝領域。當他搬進位於墨爾本諾斯科特的現代、光線充足的公寓時，特請房東允許他在臥室和客廳安裝壁掛式層架，並且立即開始用植物裝飾新的生活空間。這些綠意盎然的壁架容納了一系列懸垂和直立式植株，正因為這些不同形狀、顏色和紋理的葉片，使植株群組成為室內的目光焦點。這間租來的公寓裡，幾乎每個平面上都展示了某種形式的綠意，讓空間顯得更美麗。湯瑪斯花了許多年才累積了這麼大量的收藏，隨時隨地都有至少一百五十棵植物，但是數量仍然不斷增長中。湯瑪斯說這幾年來不斷購入和送出植物，有助於讓他專注在某些喜愛的科屬或品種，並納入家裡。

你是一位園藝家，也是熱愛植物的人。請問你對植物的熱愛來自何處？

> 這輩子裡，我的內心深處不斷有聲音提醒我對植物的熱愛。我從父母雙方遺傳了很堅強的綠手指基因，但是直到年紀一把之後才決定從事園藝工作。我童年最生動的幾段記憶包括和祖父母一起在菜園裡共度的時光，或幫父母進行新的花園工作。

為何在植物之間生活對你來說這麼重要？

> 在我的生活中，被綠色植物包圍已經如此重要，我甚至無法想像生活在一點植物都沒有的環境立。在家澆水和照料植物的日常工作能讓我平靜地沉思，短暫逃避繁忙的市中心生活。

你的植物收藏奇特又美妙，令我們又嫉又羨。請介紹幾株你最珍藏的植物寶寶。

> 其實很難說我最喜歡哪一株，但是對某些怪奇植物的痴迷，是被龜甲龍引發的。龜甲龍原產於南非，外觀和生長習性都能算得上最為奇特，從此便開始追根究柢，對塊莖植物和附生仙人掌特別著迷。

你的住處是市中心的小公寓。對於在有限空間內展示植物風格，你有什麼訣竅？

> 生活在小空間裡確實有其局限性，但不需要因此就限制你將綠色植物融入住家。我的收藏通常介於一百二十到一百五十株植物之間，其中一些會透過交換或送給朋友而搬到新家。
>
> 我喜歡運用大量的植物來創造視覺趣味，善用多功能層架和家具就可以隨心所欲地活化空間氣氛，不受限制。對比性強的葉片形狀和特殊的生長習性總是特別引起我的關注，所以不要害怕將看似不相干的植物放在一起。但你也不一定要在小空間裡引入大量的植物；有時少許充滿個性的植物就能夠完全扭轉空間的氣氛，所以這取決於如何選擇植物，讓室內「叢林化」。
>
> 我的第一條建議是針對居家環境選擇合適的植物。花點時間研究居家空間的環境因素：觀察光線在一整年內的動線，暖氣和冷氣對植物的影響。

湯瑪斯將他的設計美學描述為有節制的混亂。這裡的層架上裝飾著他收集的美麗陶瓷手作品，混和了各式懸垂式葉叢。具圖案感的空氣鳳梨從盆栽之間探出頭來。

除了令人讚嘆的植物之外，你還爲了它們收集一些美麗的陶瓷器皿。請問你如何找到這些器皿？哪幾個品牌是你最喜歡的？

> 我們真的很幸運，墨爾本的陶瓷產業十分繁榮而且充滿活力，但是整個澳洲和全世界都有很棒的陶瓷器皿。我藉著 Instagram 或口耳相傳找到不少藝術家。工藝家可以利用 Instagram 充分地表達和呈現自己的作品，無論他們身在何處，都能觸及全球觀眾。在現階段有許多才華洋溢的工藝家，幾乎難以做抉擇；但我最喜歡的是 Wingnut & Co.、It's a Public Holiday、James Lemon、Anchor Ceramics、Dot & Co.、Sophie Moran、A Question of Eagles、Leaf and Thread、以及 Arcadia Scott。

你如何描述自己的設計美學？

> 最好的形容是有節制的混亂。我有輕微的囤積傾向，有時很難控制。我的很多古董都來自 eBay 或本地古董家具店（墨爾本諾斯科特區的「爺爺的斧頭 Grandfather's Axe」是個寶庫），所以我的風格是混搭了藝術、古董家具和綠色植物。較中性自然的色調總是特別吸引我，而且和植物很搭配。

你的植物層架照片可說是 Instagram 上最吸睛的，請問用植物裝飾層架有什麼小竅門嗎？像是效果最好的植物類型、如何搭配植物，以及挑選相襯的容器？

> 多謝稱讚！傾瀉而下的植物和層架是天作之合。將個人物件和綠色植物整合在一起也是好做法，能賦予空間生命力。有對比性的葉片是關鍵。我發現毬蘭和附生仙人掌，比如絲葦，產生的視覺多樣性非常棒，而且它們很容易照顧。

你在旅行時會參觀令人嘆爲觀止的溫室和充滿植物的空間。你最愛的是哪幾處，爲什麼？

> 走進倫敦邱園的溫室，是令人瞠目結舌的體驗。我在書上讀到以及渴望造訪邱園多年，最後終於親身體會，那種感覺真的太美妙了。爲了讓邱園呈現最好的狀態，背後得花這麼多功夫，所以在那裡工作絕對算得上是職涯的夢想清單。

一大盆鏡面草、鹿角蕨苔玉和裝滿毬藻的透明水瓶，只是湯瑪斯大量植物收藏中的一小部分。

收藏家
充滿手工感的植物陳列

ＤＪ和攝影師安諾・里昂

澳洲雪梨

　　安諾・里昂自稱是狂熱的收藏家，陶醉在尋找獨特而有趣的東西，也常為了尋找較珍稀的植物，不厭其煩地探索古董店或參觀當地苗圃。他與室友以及非常淡定的貓馬利和米可住在新城，這間房子堪稱他許多次植物尋寶的產物。他的收藏品放滿整間房子，還加上陽台、露台和後院。只要有自然光的地方，就有可能成為植物的安居地點！浴室的天窗為某些能在潮濕空氣中茁壯的吊盆植物提供了完美的光線。「也為洗澡時提供一幅相當不錯的景色」安諾說。他的臥室是個例外，因為他在臥室裡以生長燈繁殖和養育更珍貴的植物。

　　安諾近來新迷戀上的植物是天南星科和秋海棠，它們的葉片為植物收藏品添加了十足的圖形感。手做陶瓷也在這個空間裡佔有重要地位，他運用與生俱來的天分，將陶瓷器皿與植物完美地搭配在一起。安諾點滴建立起來的叢林既快樂又健康，它們不僅止於一群植物的集合體：放下手邊事務，照顧它們並且欣賞它們在成長過程中細微的變化，便能讓我享受當下。在充滿綠色生機的空間裡工作和生活，有助於保持心裡的平靜。

安諾混搭手製陶瓷、有年代的陶土器皿和編織籃子盛裝他令人目眩的植物收藏。

爲何生活在植物之間對你來說這麼重要？

被綠意包圍是種美妙的感覺。除了能夠自由排列組合不同形狀、圖案和紋理之外，我一想到它們可以隨著時間成長為美麗、有生命的景致就感到興奮不已。我習慣早起，早晨儀式包括沖一杯濃咖啡以及帶著噴壺和剪刀在花園裡閒逛，這是為新的一天做準備的好方法，讓人感到腳踏實地。我在照顧植物時經常聽混音帶，通常是輕柔的旋味音樂、爵士樂和環境電音，或 podcast。我目前正在製作一系列名為庇護所 Sanctuary 的混音帶，混合了環境音樂和大自然中的取材。

你對植物的熱愛來自何處？植物是否是你童年的一部分？

我在雪梨西部郊區和叔叔阿姨一起長大。他們喜歡種蔬菜水果，例如亞洲蔬菜、香草和熱帶水果。我的美好回憶包括在花園裡幫忙、播種、採收蔬菜做傳統料理以及學習如何烹煮它們。近年來，我對收集植物的興趣是受到生命中一位特別的人的激發。她有一間位在海邊，光線充足的美麗公寓，裡面有茂盛的綠色植物，我在那個地方度過許多戀愛時光。我對秋海棠的迷戀就始於那個時候，而且開始想更了解植物。

看得出來你很愛秋海棠。它們爲什麼那麼特別？你是否偏好收藏中的某一株？

秋海棠真的很特別！我覺得它們迷人的紋理、形狀和圖案都很吸引人。秋海棠屬如此多樣化，其中有叢生型、竹莖型和根莖型等等。我最喜歡的兩種是有脈秋海棠 Begonia venosa 和沙漠秋海棠 Begonia peltata，它們的灰色葉片形狀獨特，有如絨布質感；兩者都來自南美洲。火焰秋海棠 Begonia goegoensis 是迷人的根莖型，帶著金屬古銅色、精緻的紋理和紅色葉背，原產於蘇門答臘。然後，當然還有帶我走上這段小旅程的麻葉秋海棠 Begonia maculata，又叫天使之翼秋海棠（Angel Wing），它的桿狀莖直立生長，葉片帶有戲劇性的銀色斑點和深紅色葉背。

養護重點

幾個安諾的頂級繁殖小秘訣：

• 我發現如果是用水繁殖，較小的容器效果比較好，因為能夠鼓勵植物釋放荷爾蒙，加速根系發展。把繁殖容器放在光線充足但是遠離直射陽光的地方。上盆的時候，我偏好小花盆，讓土壤在每次澆水之間乾得更快。我通常使用品質好的混合介質，包含珍珠石和蛭石。

• 對於莖和節插條，我發現泥炭蘚和蛭石的效果很棒。我將插條放在管子裡，鑽幾個通風用的洞，放在生長燈下。這樣的濕度的確有助於根系發展！

ROOT NURTURE GROW

LEAF SUPPLY

你是否在學校裡上過跟植物有關的正式課程，還是純粹從經驗中學習？

我從來沒在課堂上研究過植物，所以主要是藉著經驗、實驗和閱讀大量書籍來學習。我喜歡研究能激發想像力的物種，努力記住它們的拉丁學名和養護需求。在植物協會 The Plant Society 植栽店裡工作，讓我近距離了解照顧和維護植物的法門，更清楚植物對不同光照條件的反應。

你植物拍攝的照片非常美麗。你最愛植物攝影的哪一點？你還喜歡用鏡頭捕捉其他哪些事物？

謝謝！我喜歡將不同類型、圖案和形態有趣的葉片放在一起。當我在外面時，容易被有綠色植物的風景吸引。我喜歡到不同社區欣賞別人的花園。雜草叢生處、棄之不用的場所和景象也很有趣，經常會隨著不同的光線而改變視覺效果，特別是用膠片拍的時候。

你是位狂熱的繁殖者。繁殖植物如何讓你與其他植物同好產生關聯？

我喜歡嘗試不同的繁殖技術，透過這個辦法就能在不用花費的情況下擴大植物陣容，而且還比花錢購買現成的植株更有成就感。Instagram 是與其他植物同好們聯繫、交流知識、分享想法的好平台。我透過網路交流學到了一些繁殖技術，並和可愛的同好們交換了許多插條。我也喜歡和朋友分享我的植物；朋友們來訪時，總是很樂意剪幾根繁殖插條，或將過多的植株送給他們。

你最喜歡的植物造型方式是什麼？

我喜歡把戶外植物分組，讓它們習慣彼此一起成長，而且通常會形成有趣的層次感和圖案組合。至於室內植物，我喜歡老舊紅土盆的個性，但是也喜歡漂亮的手工花盆。手編籃非常適合茂盛的觀葉植物，能為任何空間增添古典味。

造型重點

• 較小的盆栽讓安諾的浴室充滿活力，
能夠邊淋浴邊欣賞這幅綠油油的景色。

• 就算浴室很小，但是你會發現許多如
水箱頂部的現有平面，能讓你安置很多
植物。

▶ 安諾令人羨慕的植物
陣容：帶著美麗圖案的
秋海棠與其它綠葉植物
群聚在一起。

善用層架
活化寂寥的牆面

活動經理尼克‧賽蒙尼

澳洲墨爾本

　　植物愛好者尼克和伴侶皮特及羅素梗犬亨利住在弗萊明頓的租屋裡，室內收藏了美麗豐茂的綠色植物。他們為了讓亨利有更多空間，從墨爾本南亞拉區一戶較小的公寓搬到此處，額外的房間還能讓尼克擴大室內叢林。臥室裡美不勝收的日照使房中填滿許多植物，但是其實植物也是其他房間裡的日常風景：它們展示在層板、壁爐飾架、植物架和家具上，為每塊平面注入生機。尼克來自布里斯本，將自己的美學描述為「稍微傾向天馬行空，帶著墨爾本味道」。他的居家空間裡佈置了出色的家具和裝飾元素，其中許多是由本地作坊和創意工作者友人製作。他收藏的手做陶瓷令人艷羨，並是許多植物美麗的家。

尼克打造完美植物架的首要
訣竅……
「挑選有設計感的陶瓷盆器
和小物件,而且經常在植物
之間安排小物件,製造視覺
趣味。」

你對植物的熱愛來自何處？

我認為緣起於小時候在祖母位於布里斯本的花園裡度過的大把時光，當時覺得那是世界上最美麗的花園。祖母每天要在戶外待上六七個小時，當她不蒔花弄草的時候，也能看見她坐在巨大的桉樹下享受一杯茶。我常常和她在花園裡認識植物以及隨著四季照料花園。之後，我和一位密友同住在布里斯本，她收藏了大量的室內植物。由於我們也是同事，所以在休息的時候經常一同造訪室內植物苗圃，並一起收集植物（雖說大部分是她的），點燃了我對室內植物的熱愛。

你如何學習怎麼將它們照顧得又美又健康？

百分之百靠著反覆試驗。被我養死的室內植物不計其數；重點就是了解你的居家環境和植物並且調適兩者，找出讓每一株植物都快樂的關鍵。我的建議是考慮植物的自然狀態（它們在大自然裡如何生長；什麼樣的條件能讓它們茁壯？），留意它們的需求和任何葉片變化，並確保它們得到正確的光照量。

為何生活在植物之間對你來說這麼重要？

對我來說，周遭環繞室內植物和花時間照顧它們能讓我放慢腳步，短暫休息。我喜歡每星期一到兩次放下手機，不檢查電子郵件，每次三十分鐘，只專心照顧植物。這讓的做法讓我平靜，而且是練習專注的好方法。還能讓植物看起來非常棒！

我們很羨慕你美麗的室內植物收藏。請問你如何選擇植物？

我並不過分挑剔，只是在逛植栽店時挑選喜歡的，以及能抓住我注意力的植物。近來刻意著重在品質而不是數量，並傾向較特殊的植物，最近在收藏中加入幾株我喜歡的天南星科植物，目前偏好有趣而且不尋常的葉片。

尼克用強健的毬蘭和合果芋搭配令人驚艷又羨慕的鏡面草，使層架生氣勃勃。重點在於有機形狀的陶瓷盆器。

展示植物的層架在你的 Instagram 照片裡佔了很重的版面。你有什麼使用層架的秘訣？

我對層架的喜愛還是必須感謝那位布里斯本室友，是她介紹我認識層架的。這個好方法在不至於到處擺滿植物的情況下，歡迎植物進入任何空間（雖說我的理想確實是到處擺滿植物）。要布置出好看的層架其實沒特別訣竅，只要有快樂的植物（再提醒一次，確保它們得到足夠的光線）和幾樣額外的風格元素。挑選有設計感的陶瓷盆器和小物件，而且經常在植物之間安排小物，製造視覺趣味。

你如何採購裝植物的陶瓷容器？有沒有偏好的品牌？

住在墨爾本算是非常幸運的！這裡有許多才華洋溢的陶藝家和藝術家，製作出漂亮的陶瓷花盆、器皿和藝術品。我喜歡從陶瓷樣品和二手拍賣挖寶，墨爾本的許多植栽商店也買的到本地製造的陶瓷器皿。我最喜歡的陶藝家是 Leaf and Thread（@leafandthread）的蘿拉・維里芙 Laura Veleff、詹姆斯・里蒙 James Lemon（@jameslemon）和一位剛開始接觸陶藝的朋友，現在住在坎培拉。她寄給我的幾個花盆和陶瓷作品漂亮極了，尤其是好朋友花了這番心血製作它們，使得它們更為特別。

你最喜歡去哪些地方為室內叢林尋找靈感？

首先當然就是 Instagram。墨爾本也有很多值得一看的地方，這麼多商店、餐館和咖啡館都妝點著很漂亮的綠色植物。我剛搬到這裡時在高地 Higher Ground 咖啡館工作，後來開始負責照料店裡的室內植物，真是棒透了！此外還有墨爾本的精品植栽商店和苗圃：植物協會 The Plant Society、派克伍植栽 Plant by Packwood、綠屋 Greener House、菲茨洛苗圃 Fitzroy Nursery......說也說不完。這些地方給我帶來很棒的室內植物靈感。

尼克和珍貴的植物寶寶之一，黑絲絨觀音蓮。它的蓬勃茁壯歸功於尼克充滿間接光照的明亮生活空間。

造型重點

• 尼克收集了許多手做陶器，出自於墨爾本當地才
華洋溢的職人。他喜歡狀況良好的樣品拍賣，也遍尋
本地植栽商店，為植物們物色完美的家。

• 架子上除了植物還輔以其他物件和小飾品，修枝
剪之類的園藝用具更是適得其所。

▶ 繁殖瓶中正在生長的
希爾特龜背芋 Monstera
siltepecana 插條在繁殖
水瓶中生長。後方牆面
之前較大的盆栽使居家
空間顯得極為蔥籠。

植物造型師
打造的城市綠洲

植物媽媽 Plant Mama 創意總監珍娜·福爾摩斯

澳洲墨爾本

植物媽媽總部可以說大大撼動了墨爾本的科林伍德區中心。這棟兩層樓的一八九０年代維多利亞風格住家，被改造成珍娜·福爾摩斯充滿綠意的總部。極富個性和綠色創意的珍娜獲得慷慨房東的完全授權，創造出她理想的城市綠洲。她在昆士蘭鄉間長大，生活中原本有自然和戶外，卻在搬到墨爾本市中心之後產生了很大的衝擊，因此用室內植物填滿生活空間成為必要措施。「每天小小的植物洗禮，使門外繁忙的氛圍變得可以忍受」但是對於珍娜來說，這個轉變也導致了更重要的職涯轉換，從體育老師變成植物造型師。

新身分使珍娜能將她的植物美學帶到大眾眼前，因為這棟建築也用於舉辦快閃活動、攝影和其他活動。她因此有機會展現綠色風格，希望能激發其他人創造自己的植感空間。每個房間裡的照明決定了裡面的植物，光線越多，植物就越多。珍娜特地好好利用了通向私人住宅區、光線充足的樓梯。在這裡，巨大的琴葉榕與其他榕屬植物、蔓綠絨和大量的黃金葛放在一起，營造出她偏好的「雜亂無章的叢林」風格。

鏡子是提高綠意的好辦法，
能在瞬間使綠意加倍。

對植物媽媽總部來說，植物越多越好。
珍娜將自己的植物風格描述為「有組織
的混亂，帶著一絲七０年代的設計味道。
越混亂越棒。」

妳的家充滿植物，還為其他人打造城市叢林，請談談植物在妳生活中的作用。

植物在我的生活中扮演了革命性的角色，但一切歸因於它們對我的心情和環境的影響。我在昆士蘭鄉間長大，所以我們從來不缺乏空間，環境裡有大量綠色植物，總是與大自然和戶外有所連結。當我搬到墨爾本市中心之後，因為缺乏與大自然的連結而感到痛苦；將植物帶入室內與我的空間整合，真的改變了我在家裡的感覺。建立了第一座室內叢林之後，我的創意和造型工作也像是得到新生，感覺自然而然。當時我在高中教體育，幸運的是沒有其他人提供「打造叢林」的服務，所以我全心全意地投入其中。接著我意識到其他人也渴望和我一樣能和大自然有所聯繫，便很高興地開始幫人們建立他們的叢林。

妳來自熱愛植物和園藝的家庭。這一點如何影響妳對植物的愛以及目前植物媽媽的業務內容？

我的家庭對我的影響很深，創立植物媽媽就是想獻給所有在我之前的植物媽媽們。我的母親和祖母都是狂熱的植物愛好者，她們從各方面將植物融入居家環境，無論是室內還是室外。我看著她們打理植物的風格，意識到我們其實非常相似。前人們反覆試驗所有植物會發生的問題，讓我不需要走冤枉路便能得到答案，保證所有的客戶都能擁有快樂健康的叢林。她們傳授的知識是無價的，我到現在仍然會打電話問媽媽問題，而她總是能解答所有困惑。大多數的客戶也都有和父母或祖父母一起在花園裡相處的童年記憶，我很興奮能重新解鎖客戶們與植物的聯繫。

為什麼妳認為人們應該生活在有綠色植物的環境中？

也許有些人不同意，但我認為就算少量綠色植物也可以幫助靈魂放鬆，目前已經有研究支持這一點。我認為它是一個溫柔的提醒，告訴我們這個世界上除了我們人類，還存在著其他生物，而植物盆栽有賴人類的照顧和關心才能順利成長。

工作室裡這個綠意盎然的角落栽培著放在地面的大株植物、懸垂品種和非常健康的波士頓腎蕨。

「植物在我的生活中扮演了
革命性的角色」

對於想將植物引入個人空間的人們，妳有什麼造型關鍵嗎？

最重要的就是層次和高度。建構室內叢林時需要一層一層來：先擺上一株植物，
退一步看看，然後再添加下一株。後退幾步遠觀是過程中最重要的部分。

至於盆栽植物，妳最喜歡的器皿是哪些？到哪裡尋找它們？

我從很多地方物色花盆！為了替每個案子創造不一樣的氛圍，植物都要一一搭
配合宜的盆器，才能營造出風格。我會造訪慈善二手店、花盆專賣店和苗圃，
也在網路上購買很多器皿。盆器對空間設計的影響最大，所以選擇容器是過程
中的重要事項。

妳喜歡旅行。妳最喜歡拜訪哪裡尋找「植物靈感」？

旅行是我喜歡這份工作的原因。它絕對是我最熱愛的一環，甚至比愛植物更多
一些。我喜歡歐洲人玩花草的方式，尤其是在義大利和希臘：繁榮蔓生的陽台
花園、仙人掌、陶花盆、花園的主人翁甚至更勝一籌；他們可愛極了，根本就
是別國的植物媽媽。我每次一從國外旅行回來，腦中就充滿下一個叢林的設計
概念。我喜歡把旅行想像成創意研究！

珍娜坐在位於墨爾本市中心植物
媽媽總部的綠色植物之間。

活動設計師的魅力工作室

紐約之桌 The Table New York 負責人露辛妲‧康斯特博

美國紐約

　　在紐約，生活和工作地點之間只距離三個街區是很罕見的，但這就是紐約之桌的設計師兼負責人露辛妲‧康斯特博的夢想。這位來自澳洲的創意人獨自住在陽光灑落的公寓裡，並與一群創意朋友們共用她的工作室（還有幾隻實物大小的絨毛玩具動物）。工作室裡的植物是當初搬進來時就在的，從第一天起就為她帶來了正好需要的生命力。她相信在打造彼此緊密支持的社區時，植物能發揮重要作用，它們也確實賦予這個空間獨特的植感氛圍。她的家裡收藏大株焦點植物，包括客廳裡一棵巨大的琴葉榕和龜背芋，沐浴在朝南公寓中傾瀉而下的自然光。「自然光是我的首選條件，幸好我的公寓和工作室都有大片自然光。」

露辛妲的工作室裡將懸掛式植物
的枝條沿著天花板固定，創造出
室內綠蔭的效果。

妳在紐約住了多久？《紐約之桌》這個事業是何時開始的？

我在紐約已經快七年了，真不敢置信！我在三年前成立了公司，一切都像滾雪球快速發展。

植物是否在妳的造型工作中發揮了作用？

植物在我的造型工作中扮演著重要角色。我盡量為活動租用全尺寸的植株，使空間徹底改頭換面。植物能立即改變環境的情緒。我定期和一家以健康為著眼點的公司配合做諮詢服務，將舒適的空間帶進曼哈頓的辦公大樓裡；這類大型建築內通常沒有自然光，天花板很低，還有八０年代的地毯。植物是不可或缺的，而且已成為我們的標誌，尤其是懸掛起來的黃金葛，能在微弱的光線下生長良好。

在爲妳的住家和工作室物色植物時，妳的著眼點是什麼？

在紐約找房子是永遠的糾結，總是得為一件事犧牲另一件事，諸如此類。沒有一個地方是完美的！然而，自然光是我的首選條件，幸好我的公寓和工作室都有大片自然光，它們各向著南方和西方。

請問植物如何改變這兩個空間的能量？

植物能立刻使房間感覺更有生氣和溫馨。它們會使周遭油然生出寧靜感，對住家或工作環境中都是必要的。我無法想像沒有植物的生活；肯定會死氣沉沉。

對於想將植物引入空間的人，妳有沒有關鍵造型祕訣？

從小處著手，並以此為基礎。我認識的某些人會一次狂買二十幾棵植物，卻不先了解哪些植物在空間裡能長得好。植物就像孩子，也需要呵護！我建議從比較茂盛和穩定的植物品種開始，例如龜背芋，是最受喜愛的室內植物！

造型重點

• 一株巨大的琴葉榕浸潤在鄰近窗外照射進來的間接陽光裡，在起居空間中形成美麗的目光焦點。

• 露辛妲的內部裝潢選用了相對中性的色系，使她的大葉片綠色植物顯得很亮眼。摩洛哥地毯和編織籃為這個俐落乾淨的空間增添魅力。

請問妳如何描述自己的植感風格？

我的個人風格是強烈的雕塑感和民俗圖騰，家裡所有的植物都是獨立的，和周遭進行個別互動。每一株都有鮮明的個性！它們和擺設裝飾品及多彩的藝術品彼此襯托，效果很好，讓我非常開心！工作室裡則比較茂盛，比較像室內叢林，雖然效果很好，但是我不會把同樣的風格複製到私人生活空間裡。

妳通常到哪裡尋找靈感？

我喜歡在布魯克林植物園尋找靈感。它位於展望公園裡，有一座很棒的溫室，春天的櫻花也很漂亮。它比修剪整齊的紐約植物園稍微狂野一點，不過兩者都很美。其他最愛的地方包括墨西哥的瓦哈卡植物園 Jardín Etnobotánico de Oaxaca、馬拉喀什的馬若雷勒植物園 Jardin Majorelle。後者絕對是我得最愛，感覺就像不經意地在貧瘠的大地上發現一片綠意蔥籠的綠洲，馬拉喀什正是如此的完美地點。摩洛哥其他最美麗的景點包括貝爾迪鄉村俱樂部 Beldi Country Club、艾勒芬旅館 El Fenn 和名字直接了當的花園餐廳 Le Jardin。出去走走絕對是發現新地點最好的方式，但慚愧的是我有九成的靈感來自 Instagram 和有關室內裝潢的部落格。

紐約工作室裡的落地窗提供
植物們理想的日照條件。

作者簡介

蘿倫・卡蜜勒里和蘇菲亞・凱普蘭兩位植物痴是澳洲植栽商店「綠葉補給站 Leaf Supply」背後的推手。她們相信被綠意包圍的生活會更美好，立志廣為傳播她們對植物照護和造型的知識。

蘿倫是雜誌藝術總監和室內植物專家，經營線上植物設計公司「多默斯植物園（Domus Botanica）」，蘇菲亞是植栽與花藝設計師，經營以自己名字命名的店家「蘇菲亞・凱普蘭植物花坊（Sophia Kaplan Plants & Flowers）」，並創立部落格「秘密花園（The Secret Garden）」。

隨著她們日益擴大的業務，兩人的家庭也多了新成員：蘇菲亞有兒子拉夫，蘿倫也有了女兒法蘭琪。綠葉補給站的團隊也更加壯大，增添了非常棒的植物同好夥伴貝絲、莎拉和阿迪。

《觀葉植物設計》是兩人繼《植感生活提案》之後合作的第二本書；《植感生活提案》教讀者們如何養出快樂的室內植物。

致謝

有機會出版一本書就已經夠棒了，當我們被邀請繼續出版第二本書時，興奮之情真的難以言喻、銘感五內。我們要大大感謝 Smith Street Books 的保羅・麥克納利對我們的信任和鼓勵。雖然我們還沒機會親自見到彼此，卻很高興能再次與編輯露西・希佛 Lucy Heaver 合作；我們非常感謝妳以專業知識引導我們打造這些頁面。

致那些在世界各地幫我們捕捉到美麗畫面的攝影師們：露易莎・布里伯爾 Luisa Brimble（雪梨＋墨爾本）、安娜・貝琪洛 Anna Batchelor（倫敦）、莉莉・湯姆森 Lillie Thompson（墨爾本）、林登・佛斯 Lynden Foss（拜倫灣）、潔斯・納許 Jess Nash（紐約）、顏妮可・露兒希瑪 Janneke Luursema（阿姆斯特丹）和艾登・羅斯 Aidan Rolls（柏林）。謝謝各位接受我們的邀請，拍攝出這些最最神奇的畫面。沒有各位的照片，便沒有這本書。

感恩有這麼多可愛的植物同好歡迎我們進入他們的家和工作場所，對於我們的拜訪提問都熱情又慷慨的分享了周到的答案，證明愛植物的人也確實是最棒的人。

致所有允許我們一窺他們位於遠方的家園、並且分享想法的人：盧卡斯、塔莉妲、麥卡菈、拉拉、露辛妲和安娜，我們感謝各位在百忙中撥空，並提供專業知識。

最後，由衷感謝我們不斷壯大的家庭，我們的感激遠超過言語。

蘇菲亞 感謝媽媽珍妮絲和爸爸劉易斯一直以來給我發展空間、無窮無盡的愛與支持，無論是在寫這本書或其他任何時候。感謝蘿西阿姨，貢獻許多這本書中的植物介紹；謝謝我姊姊奧莉維亞隨時當我兒子的保姆；我的伴侶麥克和寶寶拉夫是我身邊最好的伙伴。最後，感謝蘿倫抓住這些機會，並將妳揮灑自如的美感注入我們所有的案子，同時還兼顧懷孕和新生兒，這是很偉大的成就，不容置疑。

蘿倫 光是想到要一邊寫書一邊懷孕生子，就令人望之卻步吧！多虧我有媽媽和爸爸、事業夥伴索菲亞、當然還有安東尼了不起的支持，使得《觀葉植物設計》一書和法蘭琪能夠在大約同一時間面世。

觀葉植物設計：用綠植軟裝打造時髦的室內叢林

The Leaf Supply Guide to Creating Your Indoor Jungle

作　　　者	蘿倫・卡蜜勒里、蘇菲亞・凱普蘭
譯　　　者	杜蘊慧
審　　　訂	陳坤燦、Alvin Tam@春及殿
社　　　長	張淑貞
總　編　輯	許貝羚
主　　　編	鄭錦屏
特 約 美 編	謝薾鎂
行 銷 企 劃	洪雅珊、呂玠蓉
國 際 版 權	吳怡萱、林千裕

發　行　人　何飛鵬
事業群總經理　李淑霞
出　　　版　城邦文化事業股份有限公司　麥浩斯出版
E-mail　　　cs@myhomelife.com.tw
地　　　址　104 台北市民生東路二段 141 號 8 樓
電　　　話　02-2500-7578
傳　　　真　02-2500-1915
購書專線　　0800-020-299
發　　　行　英屬蓋曼群島商家庭傳媒股份有限公司城邦分公司
地　　　址　104 台北市民生東路二段 141 號 2 樓
電　　　話　02-2500-0888
讀者服務電話　0800-020-299（9:30AM~12:00PM；01:30PM~05:00PM）
讀者服務傳真　02-2517-0999
劃撥帳號　19833516
戶　　　名　英屬蓋曼群島商家庭傳媒股份有限公司城邦分公司

香港發行城邦〈香港〉出版集團有限公司
地　　　址　香港灣仔駱克道 193 號東超商業中心 1 樓
電　　　話　852-2508-6231
傳　　　真　852-2578-9337
E-mail　　　hkcite@biznetvigator.com

新馬發行　城邦〈新馬〉出版集團 Cite(M) Sdn. Bhd.(458372U)
地　　　址　41, Jalan Radin Anum, Bandar Baru Sri Petaling,57000 Kuala Lumpur, Malaysia.
電　　　話　603-9057-8822
傳　　　真　603-9057-6622

製版印刷　凱林印刷事業股份有限公司
總 經 銷　聯合發行股份有限公司
電　　　話　02-2917-8022
傳　　　真　02-2915-6275
版　　　次　初版一刷 2023 年 2 月
定　　　價　新台幣 650 元／港幣 217 元
Printed in Taiwan

國家圖書館出版品預行編目（CIP）資料
觀葉植物設計:用綠植軟裝打造時髦的室內叢林 = The leaf supply guide to creating your indoor jungle/ 蘿倫・卡蜜勒里 (Lauren Camilleri), 蘇菲亞・凱普蘭 (Sophia Kaplan) 著；杜蘊慧譯． -- 初版． -- 臺北市： 城邦文化事業股份有限公司麥浩斯出版： 英屬蓋曼群島商家庭傳媒股份有限公司城邦分公司發行， 2023.2
面；　公分
譯自： The leaf supply guide to creating your indoor jungle
ISBN 978-986-408-858-4（平裝）
1.CST: 室內植物 2.CST: 觀葉植物 3.CST: 家庭佈置
435.11　　　　　　　　　　　　　　111015667

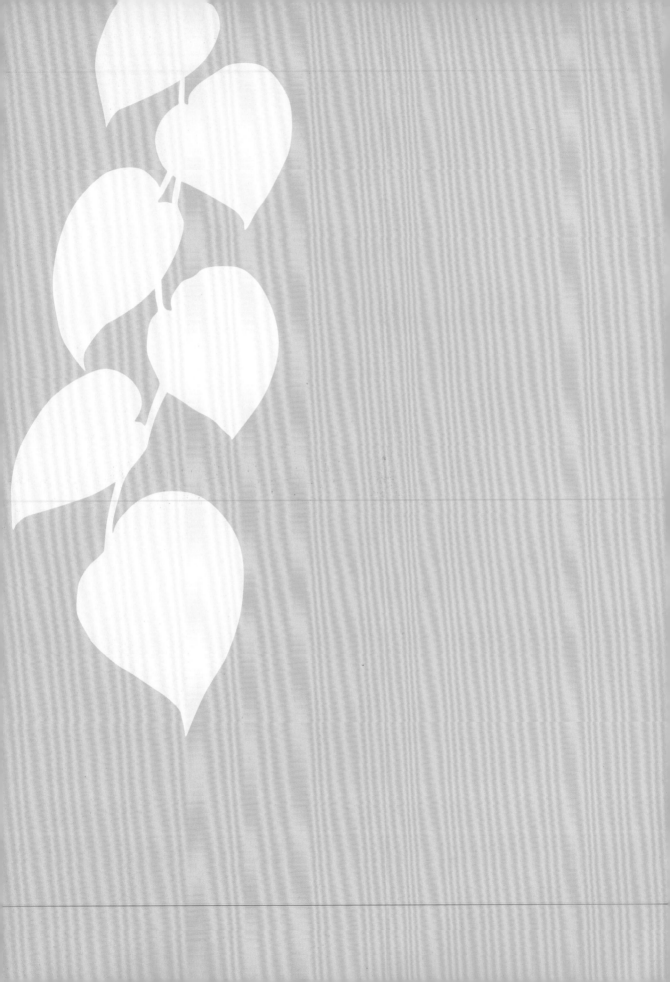